国家出版基金资助项目
现代数学中的著名定理纵横谈丛书
丛书主编　王梓坤

ARTIN THEOREM—CLASSICAL MATHEMATICAL PROBLEMS
AND GALOIS THEORY

Artin 定理
——古典数学难题与伽罗瓦理论

徐诚浩　著

哈尔滨工业大学出版社
HARBIN INSTITUTE OF TECHNOLOGY PRESS

内容简介

本书应用伽罗瓦理论清晰透彻地论述了两个古典难题的解决方法,即寻找代数方程的求根公式和限用圆规直尺作图(如三等分任意角、把立方体体积加倍、化圆为正方形,以及作正多边形等),并借此由浅入深地向读者介绍了一些抽象代数的基本知识和研究方法.

本书可作为理工科学生和其他数学爱好者学习抽象代数的普及读物,也可供大中学校数学教师阅读参考.

图书在版编目(CIP)数据

Artin 定理:古典数学难题与伽罗瓦理论 / 徐诚浩著. —哈尔滨:哈尔滨工业大学出版社,2018.1
(现代数学中的著名定理纵横谈丛书)
ISBN 978 – 7 – 5603 – 6686 – 9

Ⅰ.①A… Ⅱ.①徐… Ⅲ.①伽罗瓦理论 Ⅳ.①O153.4

中国版本图书馆 CIP 数据核字(2017)第 136898 号

策划编辑	刘培杰 张永芹
责任编辑	张永芹 刘立娟
封面设计	孙茵艾
出版发行	哈尔滨工业大学出版社
社　　址	哈尔滨市南岗区复华四道街 10 号　邮编 150006
传　　真	0451 – 86414749
网　　址	http://hitpress.hit.edu.cn
印　　刷	哈尔滨市石桥印务有限公司
开　　本	787mm×960mm　1/16　印张 13　字数 136 千字
版　　次	2018 年 1 月第 1 版　2018 年 1 月第 1 次印刷
书　　号	ISBN 978 – 7 – 5603 – 6686 – 9
定　　价	48.00 元

(如因印装质量问题影响阅读,我社负责调换)`

◎代序

读书的乐趣

你最喜爱什么——书籍.

你经常去哪里——书店.

你最大的乐趣是什么——读书.

这是友人提出的问题和我的回答.真的,我这一辈子算是和书籍,特别是好书结下了不解之缘.有人说,读书要费那么大的劲,又发不了财,读它做什么?我却至今不悔,不仅不悔,反而情趣越来越浓.想当年,我也曾爱打球,也曾爱下棋,对操琴也有兴趣,还登台伴奏过.但后来却都一一断交,"终身不复鼓琴".那原因便是怕花费时间,玩物丧志,误了我的大事——求学.这当然过激了一些.剩下来唯有读书一事,自幼至今,无日少废,谓之书痴也可,谓之书橱也可,管它呢,人各有志,不可相强.我的一生大志,便是教书,而当教师,不多读书是不行的.

读好书是一种乐趣,一种情操;一种向全世界古往今来的伟人和名人求教的方法,一种和他们展开讨论的方式;一封出席各种活动、体验各种生活、结识各种人物的邀请信;一张迈进科学宫殿和未知世界的入场券;一股改造自己、丰富自己的强大力量.书籍是全人类有史以来共同创造的财富,是永不枯竭的智慧的源泉.失意时读书,可以使人重整旗鼓;得意时读书,可以使人头脑清醒;疑难时读书,可以得到解答或启示;年轻人读书,可明奋进之道;年老人读书,能知健神之理.浩浩乎!洋洋乎!如临大海,或波涛汹涌,或清风微拂,取之不尽,用之不竭.吾于读书,无疑义矣,三日不读,则头脑麻木,心摇摇无主.

潜能需要激发

我和书籍结缘,开始于一次非常偶然的机会.大概是八九岁吧,家里穷得揭不开锅,我每天从早到晚都要去田园里帮工.一天,偶然从旧木柜阴湿的角落里,找到一本蜡光纸的小书,自然很破了.屋内光线暗淡,又是黄昏时分,只好拿到大门外去看.封面已经脱落,扉页上写的是《薛仁贵征东》.管它呢,且往下看.第一回的标题已忘记,只是那首开卷诗不知为什么至今仍记忆犹新:

日出遥遥一点红,飘飘四海影无踪.

三岁孩童千两价,保主跨海去征东.

第一句指山东,二、三两句分别点出薛仁贵(雪、人贵).那时识字很少,半看半猜,居然引起了我极大的兴趣,同时也教我认识了许多生字.这是我有生以来独立看的第一本书.尝到甜头以后,我便千方百计去找书,向小朋友借,到亲友家找,居然断断续续看了《薛丁山征西》《彭公案》《二度梅》等,樊梨花便成了我心中的女英雄.我真入迷了.从此,放牛也罢,车水也罢,我总要带一本书,还练出了边走田间小路边读书的本领,读得津津有味,不知人间别有他事.

当我们安静下来回想往事时,往往会发现一些偶然的小事却影响了自己的一生.如果不是找到那本《薛仁贵征东》,我的好学心也许激发不起来.我这一生,也许会走另一条路.人的潜能,好比一座汽油库,星星之火,可以使它雷声隆隆、光照天地;但若少了这粒火星,它便会成为一潭死水,永归沉寂.

抄,总抄得起

好不容易上了中学,做完功课还有点时间,便常光顾图书馆.好书借了实在舍不得还,但买不到也买不起,便下决心动手抄书.抄,总抄得起.我抄过林语堂写的《高级英文法》,抄过英文的《英文典大全》,还抄过《孙子兵法》,这本书实在爱得狠了,竟一口气抄了两份.人们虽知抄书之苦,未知抄书之益,抄完毫末俱见,一览无余,胜读十遍.

始于精于一,返于精于博

关于康有为的教学法,他的弟子梁启超说:"康先生之教,专标专精、涉猎二条,无专精则不能成,无涉猎则不能通也."可见康有为强烈要求学生把专精和广博(即"涉猎")相结合.

在先后次序上,我认为要从精于一开始.首先应集中精力学好专业,并在专业的科研中做出成绩,然后逐步扩大领域,力求多方面的精.年轻时,我曾精读杜布(J. L. Doob)的《随机过程论》,哈尔莫斯(P. R. Halmos)的《测度论》等世界数学名著,使我终身受益.简言之,即"始于精于一,返于精于博".正如中国革命一样,必须先有一块根据地,站稳后再开创几块,最后连成一片.

丰富我文采,澡雪我精神

辛苦了一周,人相当疲劳了,每到星期六,我便到旧书店走走,这已成为生活中的一部分,多年如此.一次,偶然看到一套《纲鉴易知录》,编者之一便是选编《古文观止》的吴楚材.这部书提纲挈领地讲中国历史,上自盘古氏,直到明末,记事简明,文字古雅,又富于故事性,我便把这部书从头到尾读了一遍.从此启发了我读史书的兴趣.

我爱读中国的古典小说,例如《三国演义》和《东周列国志》.我常对人说,这两部书简直是世界上政治阴谋诡计大全.近年来极时髦的人质问题(伊朗人质、劫机人质等),这些书中早就有了,秦始皇的父亲便是受害者,堪称"人质之父".

《庄子》超尘绝俗,不屑于名利.其中"秋水""解牛"诸篇,诚绝唱也.《论语》束身严谨,勇于面世,"己所不欲,勿施于人",有长者之风.司马迁的《报任少卿书》,读之我心两伤,既伤少卿,又伤司马;我不知道少卿是否收到这封信,希望有人做点研究.我也爱读鲁迅的杂文,果戈理、梅里美的小说.我非常敬重文天祥、秋瑾的人品,常记他们的诗句:"人生自古谁无死,留取丹心照汗青""休言女子非英物,夜夜龙泉壁上鸣".唐诗、宋词、元曲,丰富我文采,澡雪我精神,其中精粹,实是人间神品.

读了邓拓的《燕山夜话》,既叹服其广博,也使我动了写《科学发现纵横谈》的心.不料这本小册子竟给我招来了上千封鼓励信.以后人们便写出了许许多多的"纵横谈".

  从学生时代起,我就喜读方法论方面的论著.我想,做什么事情都要讲究方法,追求效率、效果和效益,方法好能事半而功倍.我很留心一些著名科学家、文学家写的心得体会和经验.我曾惊讶为什么巴尔扎克在51年短短的一生中能写出上百本书,并从他的传记中去寻找答案.文史哲和科学的海洋无边无际,先哲们的明智之光沐浴着人们的心灵,我衷心感谢他们的恩惠.

读书的另一面

  以上我谈了读书的好处,现在要回过头来说说事情的另一面.

  读书要选择.世上有各种各样的书:有的不值一看,有的只值看20分钟,有的可看5年,有的可保存一辈子,有的将永远不朽.即使是不朽的超级名著,由于我们的精力与时间有限,也必须加以选择.决不要看坏书,对一般书,要学会速读.

  读书要多思考.应该想想,作者说得对吗?完全吗?适合今天的情况吗?从书本中迅速获得效果的好办法是有的放矢地读书,带着问题去读,或偏重某一方面去读.这时我们的思维处于主动寻找的地位,就像猎人追找猎物一样主动,很快就能找到答案,或者发现书中的问题.

  有的书浏览即止,有的要读出声来,有的要心头记住,有的要笔头记录.对重要的专业书或名著,要勤做笔记,"不动笔墨不读书".动脑加动手,手脑并用,既可加深理解,又可避忘备查,特别是自己的灵感,更要及时抓住.清代章学诚在《文史通义》中说:"札记之功必不可少,如不札记,则无穷妙绪如雨珠落大海矣."

许多大事业、大作品,都是长期积累和短期突击相结合的产物.涓涓不息,将成江河;无此涓涓,何来江河?

爱好读书是许多伟人的共同特性,不仅学者专家如此,一些大政治家、大军事家也如此.曹操、康熙、拿破仑、毛泽东都是手不释卷,嗜书如命的人.他们的巨大成就与毕生刻苦自学密切相关.

王梓坤

序言

说编辑是个好职业,不仅是因为他(她)能第一时间读到最优秀的作品,还因为他(她)能与各行各业最优秀的人士建立起某种联系.

本书作者徐老先生是上海复旦大学数学系资深教师.按照正常的人生轨迹,笔者只可能当其著作的一名普通读者,但由于职业的关系竟被老先生邀请写序真是诚惶诚恐,但恭敬不如从命.

徐老先生嘱我在序言中简单介绍一下阿廷定理及阿廷其人.因为据作者回忆,大约在1963年他根据阿廷定理的内容和思路写下了学习笔记,后来又据此笔记写了书.但时隔久远,许多资料和记忆都不见了,所以请笔者代为查找.

关于阿廷,由于他是20世纪的重要数学家,所以资料很多,简介如下:

阿廷(Emil Artin,1898—1962.还有一位数学家也叫Artin,不过是M. Artin.他是我国代数学家杨劲根的导师.他是E. Artin的儿子),德国人.1898年3月3

日生于维也纳.曾在哥廷根大学工作,1926 年至 1937 年在汉堡大学任教授.1937 年迁居美国,先后在圣母大学、印第安纳大学和普林斯顿高等研究院工作.1958 年又返回汉堡大学.1962 年 12 月 20 日逝世.

阿廷研究的领域很广,主要有仿射几何、类域论、伽罗瓦理论、Γ-函数、同调代数、模论、环论,以及纽结理论等.尤其在任意数域中的一般互反律方面,做出了重要贡献.1927 年他解决了希尔伯特第 17 问题,1944 年发现了关于右理想的极小条件的环,即阿廷环.他的著作很多,但不轻易发表.其中《代数数与代数函数》(1950~1951)、《类域论》(1951)、《几何代数》(1957)等较为著名.他的大部分论文后来被收入《阿廷全集》(1965).

从其简介可以看出他涉猎广泛,对数学的许多领域都有重大贡献.本书仅涉及其在伽罗瓦理论中的贡献.

本书的主题为伽罗瓦理论,它是用群论的方法来研究代数方程的解的理论.在 19 世纪末以前,解方程一直是代数学的中心问题.早在古巴比伦时代,人们就会解二次方程.在许多情况下,求解的方法就相当于给出解的公式.但是自觉地、系统地研究二次方程的一般解法并得到解的公式,是在公元 9 世纪的事.三、四次方程的解法直到 16 世纪上半叶才得到.从此以后,数学家们转向求解五次以上的方程.经过两个多世纪,一些著名的数学家,如欧拉、范德蒙德、拉格朗日、鲁菲尼等,都做了很多工作,但都未取得重大的进展.19 世纪上半叶,阿贝尔受高斯处理二项方程 $x^p-1=0$(p 为素数)的方法的启示,研究五次以上代数方程的求解问题,终于证明了五次以上的方程不能用根式求解. 他还发现一类能用根式求解的特殊方程. 这类方程现在称为阿贝尔方程. 阿贝尔还试图研究出能用根式求解的方程的特性,由于他的早逝而未能完成这项工作. 伽罗瓦从 1828 年开始研究代数方程理论(当时他并不了解阿贝尔的工作),到 1832 年,他完全解决了高次方程的求解问题,建立了用根式构造代数方程的根的一般原理,这原理是用方程的根的某种置换群的结构来描述的,后人称之为"伽罗瓦理论".

伽罗瓦理论的建立,不仅完成了由拉格朗日、鲁菲尼、阿贝尔等人开始的研究,而且为开辟抽象代数学的道路创建了不朽的业绩. 伽罗瓦理论在后来施泰尼茨建立的交换域理论中起到了重要作用.

戴德金曾把伽罗瓦的结果解释为关于域的自同构群的对偶定理. 随着 20 世纪 20 年代拓扑代数概念的形成,德国数学家克鲁尔推广了戴德金的思想,建立了无限代数扩张的伽罗瓦理论. 伽罗瓦理论发展的另一条路线,也是由戴德金开创的,即建立非交换环的伽罗瓦理论. 1940 年前后,美国数学家雅各布森开始研究非交换环的伽罗瓦理论,并成功地建立了交换域的一般伽罗瓦理论.

有人说求解多项式方程形成了方程论,经伽罗瓦之手产生群与域的概念,经阿廷之手创造出漂亮的伽罗瓦理论.

诺特、阿廷、范·德·瓦尔登被誉为近世代数的三大巨人. 在三巨头时代,抽象代数的对象简单说就是群、环、域,研究它们的分支,也自然称为群论、环论与域论.

从抽象代数这三大核心分支来看,埃米·诺特的主要工作是在环论(代数理论)方面深入地挖掘,得出若干十分深刻的定理,显示出群、环、域不可分的统一性. 而阿廷有所不同,他在群论、环论和域论都开辟了全新的方向,而且在原来的数学对象中发掘出不明显的代数结构.

在抽象代数中以阿廷命名的定理很多,本书虽然只介绍了一个却十分重要. 它也被称为阿廷引理:

设 E 是任一域,G 是 Aut E 的任一有限子群,$F=$ Inv G,则

$$[E:F] \leqslant |G|$$

说到数学中的引理,其实它的重要性一点不比定理逊色. 有两个著名例子,一个例子是阿廷在德国培养的一名博士生佐恩. 佐恩在数学界名气很大. 而他的名气主要来自现在在代数学中无所不在的佐恩引理. 因为它和选择公理等价. 另外一个例子是越南著名数学家吴宝珠. 他因为证明了代数几何中的一个引理而获得了菲尔兹奖.

其他若干冠以阿廷的定理由于过于专门化本书没有一一涉及,如 Wedderburn-Artin 定理等. 对于中学师生来说,要了解阿廷的工作是不易的. 最近,北京大学的博士生韩京俊先生提供了一个很好的例子:

已知对于任意实数 x,y,z,三元实系数多项式

$$f(x,y,z) = f_2(x,y)z^2 + 2f_3(x,y)z + f_4(x,y) \geq 0$$

其中, $f_k(x,y)$ 是 k 次齐次多项式 ($k = 2, 3, 4$). 若存在实系数多项式 $r(x,y)$ 满足

$$f_2(x,y)f_4(x,y) - f_3^2(x,y) = (r(x,y))^2$$

证明: 存在两个实系数多项式 $g(x,y,z)$ 和 $h(x,y,z)$, 满足

$$f(x,y,z) = g^2(x,y,z) + h^2(x,y,z)$$

这是韩京俊博士提供给 2017 年中国国家队选拔考试的一道试题.

证 若 $0 \neq f_2 = l^2$ 是一个一次多项式的平方, 则由 $l^2 f_4 \geq f_3^2$, 得 $l \mid f_3, l \mid r$. 设 $f_3 = lt, r = ls$, 则 $f_4 - t^2 = s^2$. 此时 $f = (lz + t)^2 + s^2$ 满足题意.

若 f_2 是严格正的, 则 f_2 不可约, 且能写成两个一次多项式的平方和, 设为 $f_2 = l_1^2 + l_2^2$. 注意到

$$l_1^2 + l_2^2 \mid (f_3^2 + r^2)l_1^2 - f_3^2(l_1^2 + l_2^2)$$

即

$$l_1^2 + l_2^2 \mid (l_1 r + l_2 f_3)(l_1 r - l_2 f_3)$$

f_2 为不可约多项式, 因此必有 $f_2 \mid l_1 r + l_2 f_3$ 或 $f_2 \mid l_1 r - l_2 f_3$, 即式 ($*$) 中必有一组使得 h_2 为多项式

$$\begin{cases} h_1 = \dfrac{f_3 l_1 - r l_2}{f_2} \\ h_2 = \dfrac{r l_1 + f_3 l_2}{f_2} \end{cases} \text{或} \begin{cases} h_1 = \dfrac{f_3 l_1 + r l_2}{f_2} \\ h_2 = \dfrac{-r l_1 + f_3 l_2}{f_2} \end{cases} \quad (*)$$

在这两种情形下均有

$$h_1^2 + h_2^2 = \frac{(l_1^2 + l_2^2)(f_3^2 + r^2)}{f_2^2} = \frac{f_3^2 + r^2}{f_2} = f_4$$

为多项式, 故 h_1 也为多项式. 在这两种情形下我们还

有
$$l_1 h_1 + l_2 h_2 = f_3$$
故存在多项式 h_1, h_2 使得
$$f = (l_1 z + h_1)^2 + (l_2 z + h_2)^2$$
综上,结论得证.

韩博士对此解答做了一个评注.从证明中可以看出,本题的方法是构造性的.1888 年,希尔伯特证明了三元四次齐次非负多项式 f 能写为三个实系数多项式的平方和(D. Hilbert. Über die darstellung definiter formen als summe von formenquadraten. Mathematische Annalen, 1888, 32(3):342 – 350.),这一结论至今还没有构造性的证明,事实上,希尔伯特证明了当且仅当 $n \leq 2$ 且 d 为偶数,或 $d = 2$,或 $(n, d) = (3, 4)$ 时,实系数 n 元 d 次非负齐次多项式都能表示成多项式的平方和.本题与希尔伯特定理密切相关,用本题的思路可以给出希尔伯特定理的一个特殊情形的初等构造性证明:三元四次齐次非负多项式 f,若 f 有实零点,则 f 能写为三个实系数多项式的平方和.1900 年,希尔伯特在巴黎召开的第二届世界数学家大会上,做了"Mathematical Problems"(希尔伯特问题)的著名演讲,提出了 23 个数学问题,其中第 17 个问题是关于平方和的,即实系数半正定多项式能否表示为若干个实系数有理函数的平方和?1927 年,阿廷在建立了实域论的基础上解决了希尔伯特第 17 问题,他证明了实系数半正定多项式一定可以表示为若干个实系数有理函数的平方和.然而阿廷的证明不是构造性的,至今人们也没有得

到希尔伯特第 17 问题完全构造性的证明.

最后有三点读后感与读者交流.

第一点,尽管本书是一本普及读物,但对大多数读者来说还是很难读懂的.但开卷有益,用梁文道的话说:

我们每个人读书的时候几乎都有这样的经历,你会发现,有些书是读不懂的,很难接近、很难进入.我觉得这是真正意义上、严格意义上的阅读.

如果一个人一辈子只看他看得懂的书,那表示他其实没看过书.

你想想看,我们从小学习认字的时候,看第一本书的时候都是困难的,我们都是一步一步爬过来的.为什么十几岁之后,我们突然之间就不需要困难了,就只看一些我们能看得懂的东西.

看一些你能看懂的东西,等于是重温一遍你已经知道的东西,这种做法很傻的.

第二点,本书包含了若干世界数学难题的介绍.这对青少年读者是十分必要的.

在一篇介绍刚刚去世的伊朗女数学家米尔扎哈尼的文章中这样写道:年仅 40 岁的玛丽亚姆·米尔扎哈尼(Maryam Mirzakhani)逝世时,新闻报道说她是一个天才.她是具有"数学诺贝尔"之称的菲尔兹奖的唯一女性获得者,也是从 31 岁就开始在斯坦福大学任教的年轻教授.这个出生在伊朗的学者自从少年时期在奥林匹克数学竞赛中崭露头角之后,在数学界里便好运不停.

我们很容易会觉得像米尔扎哈尼这样特别的人,

一定从小就天资过人.这样的人五岁就开始阅读哈利波特并不久后成为门萨会员(门萨是一个以智商为入会标准的智力俱乐部),还不到十岁就参加了数学 GCSE 考试,甚至像鲁斯·苏伦斯(uth Lawrence)一样在同龄人还在上小学的时候就被牛津大学录取.

然而,当我们更深入地去了解时,就会发现事实和我们想的并不一样.米尔扎哈尼出身于德黑兰的一个中产家庭,父亲是一位工程师,家里有三个小孩.她童年生活中唯一不寻常的事情就是遭遇了两伊战争.在她年幼时这场战争使家里的生活变得举步维艰,而两伊战争也让她的童年生活变得十分艰难.不过幸运的是这场战争在她上中学的时候终于结束了.

米尔扎哈尼确实读了一所不错的女子中学,但数学并不是她的兴趣所在,她更喜欢阅读.她爱看小说,所有她接触得到的书籍,她都会试着读一读.她经常在放学路上和朋友一起去书店闲逛,购买自己心仪的作品.

然而她的数学成绩在中学前两年却很糟糕,直到某天她的哥哥在跟她讨论学过的知识的时候,跟她分享了杂志上著名的数学难题,她才因而迷上了数学,从此开启了数学史上的个人篇章.

第三点,对于中老年读者来说,读本书也是有益的,既然徐老先生都能写,为什么我们不能读呢?除了功利目的,读书还有一个更重要的功能.正如梁文道先生所说:

有人说读书防老,我觉得说得很对.读书真的可以防老.什么意思呢?老人最可怕的就是他没有什么机会改变自己.如果一个人上了年纪依然很开放,而且是以严肃的态度去阅读、容纳一个作品,挑战自己、改变自己的话,他就还有变化的可能.

每天睡眠之前的最后一刻,是一本书在陪伴我,今天的最后一刻和我对话的就是这本书,它在不断地改变我,直到临睡前我都在被改变.于是第二天早上起来的时候,我是一个新的人,和昨天不一样,就因为昨天晚上的阅读.

有一个很有名的意大利作家,患了癌症,很痛苦.在临死前,他要求护士念书给他听,直到他咽气.他抱着这样的想法:我可能会死、会咽气,但是在这一刻我仍然不放弃.

刘培杰

2017.7.25

于哈工大

写在前面

近些年来,仍然有人宣布已成功地用圆规直尺将任意角三等分.他们把稿件投寄到有关部门,但一般都得不到答复.事实上,这一问题早已被证明是不可能的."不予审阅,妥为保存",这已成为处理这种特殊稿件的专门方法.据说,法国科学院曾做出决议,凡是关于三等分角、倍立方、化圆为方和永动机的文章一律不予审阅.作者愿把这本书奉献给读者,也算是一个肤浅的答复和解释吧!书中所提到的五大难题,曾折磨了人们两千多年,致使有些了不起的数学家也曾为之冥思苦想,虚掷光阴,直到19世纪伽罗瓦引入了置换群,创立了抽象代数学,才透彻地解决了这些难题.作者恳切希望至今仍迷恋于这些已有定论之难题的人们,不要再浪费时间和精力了.当然,有些人相信这些问题已有结论,但他们"只知其然,不知其所以然",总希望能看到一些普及读物,以便了解这些问题是如何解决的.更进一步,近一个世纪以来,抽象代数学已成为一门重要学科,它的应用已遍及各个数学分支,甚至扩及其他科学领域.然而,不少大学生、青年教师和科技工作者却没有机会系统地学习这门学科.因此,作者希望通过伽罗瓦理论的介绍,普及某些最基本的抽象代数学知识,让读者了解抽象代数学处理问题和解决问题的方法.

抽象代数,顾名思义是抽象的代数,而这也正是使某些人"望而却步"的原因之一.的确,抽象代数可谓是抽象概念的宝塔,逻辑推理的楷模.应该说,抽象是个好法宝,经过抽象往往更能看清事物的本质和各个事物相互之间的联系.事实上,任何有生命力的抽象概念都有广泛的实际背景,绝不是凭空臆造出来的空中楼阁.为了尽量减轻阅读难度,我们将比较自然地引入一些必要而又基本的概念,采取尽可能简单的途径证明一些结论,并力求讲得通俗易懂些,至于逻辑推理,只要习惯了,也就不难了.

本书从初等代数和初等几何中的古典难题讲起,由浅入深地介绍抽象代数,特别是伽罗瓦理论的基本知识,任何受过一定数学训练的读者都能读懂本书.

全书共分四章,在第 1 章中介绍有关历史及所引用的史料,由于出处不一,仅供参考.第 2 章介绍有关群论的知识.伽罗瓦理论的核心内容将在第 3 章中讨论.第 4 章是它的一些应用,详细地叙述了五大难题是如何解决的.

在本书的编写过程中,周仲良同志和顾海燕同志曾认真地阅读了全书,并提出了不少修改意见,作者在此对他们表示衷心的感谢.由于作者学识有限,书中难免有不当之处,望读者批评指正.

徐诚浩

目录

第1章 历史概况 //1
§1 高次代数方程的求根公式 //1
§2 圆规直尺作图 //10

第2章 群的基本知识 //18
§1 集合与映射 //18
§2 群的定义 //25
§3 变换群与置换群 //29
§4 子群与拉格朗日定理 //38
§5 循环群 //42
§6 正规子群与商群 //49
§7 同态与同构 //56
§8 可解群 //61

第3章 伽罗瓦扩域与伽罗瓦群 //71
§1 域上的多项式 //71
§2 域上的线性空间 //84

§3　有限扩域与单代数扩域　//91

§4　伽罗瓦扩域　//100

§5　伽罗瓦群　//110

§6　基本定理　//121

第4章　这些难题是怎样解决的　//135

§1　代数方程根号求解　//135

§2　圆规直尺作图　//147

编辑手记　//172

历 史 概 况

第 1 章

§1 高次代数方程的求根公式

根据古埃及的草片文书①记载,早在公元前1700年左右,人们就发现,当$a \neq 0$时,$ax = b$有根$x = \dfrac{b}{a}$. 随着岁月的流逝,数学发展了. 到了公元前几世纪,巴比伦(现在伊拉克的一部分)人实际上已经使用过配方法得知$ax^2 + bx + c = 0$(当$a \neq 0$时)有根

$$x = \frac{1}{2a}(-b \pm \sqrt{b^2 - 4ac})$$

当时,人们只认识正有理数(即两个自然数之比)的根才是根. 零、负数、无理数、复

---

① 草片是一种把苇草紧压后切成的薄片,用墨水写上象形数字就成了草片文书.

数的概念和理论迟至16世纪到18世纪才得到承认并逐步完善. 根据巴比伦的泥板文书①记载,当时已解决了如下的二次方程问题:求出某数 x,使其与其倒数之和等于给定的数 b,即 $x+\dfrac{1}{x}=b$,得出的解答是

$$x=\dfrac{b}{2}\pm\sqrt{\left(\dfrac{b}{2}\right)^2-1}$$

这就促使人们进一步思考,是否对于任意次数的方程都能找到这种求根公式? 寻找三次方程的求根公式,经历了两千多年的漫长岁月,直到16世纪欧洲文艺复兴时期,才由几位意大利数学家找到,这就是通常所说的卡尔丹(J. Cardan,1501—1576)公式. 其原始的想法是在

$$x^3+ax^2+bx+c=0$$

中作变量代换 $x=y-\dfrac{a}{3}$ 后化为

$$y^3+py=q \qquad (1)$$

它不再含有平方项了. 设 $y=\sqrt[3]{m}-\sqrt[3]{n}$,这里 m,n 是两个待定的数,则有

$$y^3=m-n-3\sqrt[3]{mn}\,y=q-py$$

若取 m,n 满足

$$m-n=q,\quad \sqrt[3]{mn}=\dfrac{p}{3}$$

---

① 泥板文书是在胶泥尚软时刻上楔形数字,然后晒干得到的文书.

则对应的 y 值必满足式(1). 另一方面,由

$$(m+n)^2 = (m-n)^2 + 4mn = q^2 + \frac{4}{27}p^3$$

可得

$$m+n = \sqrt{q^2 + \frac{4}{27}p^3}$$

所以,当取

$$m = \frac{1}{2}q + \sqrt{\frac{1}{4}q^2 + \frac{1}{27}p^3}, \quad n = -\frac{1}{2}q + \sqrt{\frac{1}{4}q^2 + \frac{1}{27}p^3}$$

时,并令 $\alpha = \sqrt[3]{m}, \beta = \sqrt[3]{n}$,就得原三次方程的一个根

$$x_1 = \alpha - \beta - \frac{a}{3}$$

它的另两个根是

$$x_2 = \omega\alpha - \omega^2\beta - \frac{a}{3}$$

$$x_3 = \omega^2\alpha - \omega\beta - \frac{a}{3}$$

这里

$$\omega = \frac{1}{2}(-1 + \sqrt{3}\,i)$$

$$\omega^2 = \frac{1}{2}(-1 - \sqrt{3}\,i) \quad (其中 i = \sqrt{-1})$$

是 $x^3 - 1 = 0$ 的两个不是 1 的根.

关于卡尔丹,历史上评价不一,可谓是毁誉参半. 在他晚年所著《我的生平》一书中,他对自己既有褒扬之词,但也不乏贬抑之语. 卡尔丹既是闻名全欧的医生,又是颇有名气的数学教授. 他既对数学、物理学做出过不少贡献,又精通赌博和占星术,而且还曾写过有关赌博的专著.他曾因犯有给耶稣基督算命的异端罪行而被捕入狱,然而教皇却也将他奉为座上宾,请他当占星术士.

在三次方程求根公式的发明过程中,卡尔丹还有一段不甚光彩的逸事,这就要从四百多年前的一场数学竞赛谈起了.竞赛的内容是求解三次方程.竞赛的一方是菲奥尔(A. M. Fior,16世纪前半叶),他是意大利波洛那(Bologna)数学学会会长费尔洛(S. D. Ferro,1465—1526)的学生.另一方是威尼斯的数学教授方丹诺(N. Fontana,1499—1557),不过他的这个真名鲜为人知,留传于后世的倒是他的绰号——塔尔塔里亚(Tartaglia),意思是"口吃者".在他幼年时,正值意法战争.其父被法国兵杀害,他的头部和上、下颚被法国兵用马刀砍成重伤,后来,他的母亲在尸骸堆中把他找到,用舌舔其伤口,居然得救,但已得了口吃之疾.他自学拉丁文、希腊文,酷爱数学.与费尔洛一样,对求解三次方程很有研究.在1530年,塔尔塔里亚曾解决了另一个挑战者科拉(Colla)提出的以下两个三次方程求解问题:$x^3 + 3x^2 = 5$,$x^3 + 6x^2 + 8x = 1\ 000$.这引起了菲奥尔的不服,定于1535年2月22日在米兰大教堂公开竞赛,双方各出30个三次方程.结果,塔尔塔里亚在两小时内解完,而菲奥尔却交了白卷.1541年,塔尔塔里亚得到了三次方程的一般解法,准备在译完欧几里得(Euclid,约公元前330—前275)和阿基米德(Archimedes,公元前287—前212)的著作后,自己写一本书公开他的解法.此时,卡尔丹出场了.他再三乞求塔尔塔里亚把解法告诉他,并发誓保守秘密.塔尔塔里亚给

第1章　历史概况

他一首语句晦涩的诗.这首诗写得很蹩脚,但的确把解法的每一步骤都写进去了.他本人也说:"本诗有无佳句,对此我不介意,为记这一规则,此诗堪作工具."(另一种说法是,卡尔丹是在塔尔塔里亚的朋友处答应保密后套出了这首诗的)卡尔丹在得到这一切以后,却背信弃义,于1545年把这一解法发表在《大术》这本书中,并断定塔尔塔里亚的方法就是费尔洛的方法,他是在与菲奥尔竞赛时得知的.这引起塔尔塔里亚的极大愤怒,并向卡尔丹宣战,双方各出31题,限定15天交卷.卡尔丹派他的学生费尔拉里(L. Ferrari,1522—1565)应战.结果,塔尔塔里亚在7天之内解出大部分题目,而费尔拉里五个月后才交卷,仅解对了一题.塔尔塔里亚本想完成一部包含他的新算法在内的巨著,可惜壮志未酬就与世长辞了!

在三次方程的求解问题解决后不久,费尔拉里又得到了四次方程的求解方法,其主要思路是:对于四次方程

$$x^4 + ax^3 + bx^2 + cx + d = 0 \quad (2)$$

引入参数 t,经过配方化为

$$\left(x^2 + \frac{1}{2}ax + \frac{1}{2}t\right)^2 = \left(\frac{1}{4}a^2 - b + t\right)x^2 + \left(\frac{1}{2}at - c\right)x + \left(\frac{1}{4}t^2 - d\right) \quad (3)$$

容易验证式(2)与(3)是一样的.为了保证式(3)右边是完全平方,可令它的判别式为0,即

$$\left(\frac{1}{2}at - c\right)^2 - 4\left(\frac{1}{4}a^2 - b + t\right)\left(\frac{1}{4}t^2 - d\right) = 0$$

即选择 t 是三次方程
$$t^3 - bt^2 + (ac - 4d)t - a^2d + 4bd - c^2 = 0$$
的任一根. 把这个根作为式(3)中的 t 值就有
$$\left(x^2 + \frac{1}{2}ax + \frac{1}{2}t\right)^2 = \left(\sqrt{\frac{1}{4}a^2 - b + t}\, x + \sqrt{\frac{1}{4}t^2 - d}\right)^2$$
把右边移到左边并分解因式得到两个二次方程
$$x^2 + \left(\frac{1}{2}a - \sqrt{\frac{1}{4}a^2 - b + t}\right)x + \frac{1}{2}t - \sqrt{\frac{1}{4}t^2 - d} = 0$$
$$x^2 + \left(\frac{1}{2}a + \sqrt{\frac{1}{4}a^2 - b + t}\right)x + \frac{1}{2}t + \sqrt{\frac{1}{4}t^2 - d} = 0$$
这样,就把求四次方程的根化为求一个三次方程和两个二次方程的根,因此,可以认为四次方程求解问题也解决了.

既然有了这个突破,数学家们就以极大的兴趣和自信致力于寻找五次方程的求解方法. 他们发现,对次数不超过四的方程,都能得到根的计算公式,每个根都可用原方程的系数经过加减乘除和开方运算表出. 我们把这件事简称为可用根号求解,于是人们就断言:对五次方程来说,也一定存在这种求根公式. 关于这一点,当时的一些著名数学家,如欧拉(L. Euler, 1707—1783)、范德蒙德(Vandermonde, 1735—1796)、拉格朗日(J. L. Lagrange, 1736—1813)、鲁菲尼(P. Ruffini, 1765—1822)和高斯(C. F. Gauss, 1777—1855)等都曾深信不疑,因而都曾尽力寻找,但都以失败告终.

首先怀疑这种求根公式存在性的是拉格朗日. 他透彻地分析了前人所得的次数低于五的代数方程的求

解方法,发现都可作适当变量代换化为求解某些次数较低的辅助方程(它们被后人称为拉格朗日预解式),然而,对于五次方程,按这种方法得到的辅助方程的次数却升至六次,于是此路不通!1771 年,拉格朗日发表长篇论文《关于方程的代数解法的思考》提出了这个怀疑.到了1813 年,他的弟子,意大利的内科医生鲁菲尼终于证明了拉格朗日所采用的寻找预解式的方法对于五次方程的确是失效的.早在1801 年,高斯也意识到这个问题也许是不能解决的.但是,包括拉格朗日在内,他们都没有给出"不存在性"的证明.

第一个证明"高于四次的代数方程不能用根号求解"的是挪威青年数学家阿贝尔(N. H. Abel,1802—1829).他是乡村牧师之子,幼年丧父,家境贫困.在中学时,他就读了拉格朗日和高斯关于方程论的著作,探讨高次方程的求解问题.1824~1826 年,他写出《五次方程代数解法不可能存在》一文,但高斯等人表示不理解.阿贝尔在数学方面有很多独创性成就,在当时都未能被重视.由于贫病交迫,1829 年4 月6 日死于结核病,年仅27 岁.在他逝世前不久,曾把一些研究结果告诉了勒让德(A. M. Legendre,1752—1833).就在他离开人间的第三天,柏林大学给他寄来了教授聘书.

不过,鲁菲尼和阿贝尔的证明毕竟不是很清楚的,甚至还有一些漏洞.阿贝尔并没有给出一个准则用来判定一个具体数字系数的高次代数方程能否用根号求解.作为历史,他们的功绩不容抹杀,但是,若与不久以后出现的伽罗瓦的辉煌成就相比,就大为逊色了!

伽罗瓦(E. Galois,1811—1832)出生于法国巴黎郊区的一个小城市.他的父亲是自由党人,任市长.他的母亲是当地法官的女儿,是伽罗瓦的启蒙老师.在伽罗瓦的一生中,受父亲和母亲的影响很大.

伽罗瓦年满12岁时,考入有名的皇家中学,可是直到16岁,他才被批准选学第一门数学课,这立即唤醒了伽罗瓦的数学才能,对数学产生了浓厚的兴趣.伽罗瓦经常到图书馆阅读大数学家的专著,这更提高了他的信心,他认为他能够做到的,不会比这些大数学家们少.

由于他忽视了其他学科和不善于表达,两次报考巴黎综合工科学校都失败了,只得进入高等师范学校.

年仅17岁的伽罗瓦就开始着手研究关于方程理论、整数理论和椭圆函数理论的最新著作,并在法国第一个专业数学杂志《纯粹与应用数学年报》三月号上,发表了他的第一篇论文《周期连分数一个定理的证明》.

1829年,他先后将他的两篇关于群的初步理论的论文呈送法国科学院的柯西(A. Cauchy,1789—1875),结果不了了之!

1830年,伽罗瓦将他仔细修改过的论文再次呈送法国科学院,由傅里叶(J. Fourier,1768—1830)主审.不幸,傅里叶在当年5月份去世,而在他的遗物中未能找到伽罗瓦的手稿.

1831年,他向科学院呈送了关于方程根式解的条件的论文,这次负责审查论文的是泊松(S. D. Poisson,

第1章 历史概况

1781—1840),结果以"完全不能理解"为理由被否定了!

对事业必胜的信念激励着年轻的伽罗瓦.虽然他的论文一再被丢失,得不到应有的支持,但他并没有灰心,进一步向更广的领域探索.

1830年法国七月革命时,他因批评学校的学监不支持革命而被开除,又因政治罪两次被送进监狱.1832年4月出狱住院治病.出院当天,在路上遇到两个不速之客,相约于第二天决斗,结果他因受重伤于5月31日离世,时年不满21岁.在决斗前夜,他深知为女友决斗而死毫无意义,但又不甘示弱.当晚,他精神高度紧张和不安,连呼"我没有时间了!"匆忙之中,他把他的关于方程论的发现草草写成几页说明寄给了他的朋友,并附有如下一段话:"你可以公开地请求雅可比(C.Jacobi,1804—1851)或者高斯,不是对于这些定理的真实性,而是对于其重要性表示意见,将来我希望有一些人会发现把这堆东西注释出来对他们是有益的."到了14年以后的1846年,刘维尔(J.Liouville,1809—1882)在由他创办的《纯粹数学和应用数学》杂志上发表了伽罗瓦的部分文章.关于伽罗瓦理论的第一个全面而清楚的介绍是在约当(C.Jordan,1838—1922)于1870年出版的《置换和代数方程专论》一书中给出的.这样,伽罗瓦超越时代的天才思想才逐渐被人们所理解和承认,至今已成为一门蓬勃发展的学科——抽象代数学.伽罗瓦避开了拉格朗日的难以捉摸的预解式而巧妙地应用置换群这一工具,他不仅证

明了如下的一般代数方程

$$a_0x^n + a_1x^{n-1} + a_2x^{n-2} + \cdots + a_{n-1}x + a_n = 0$$

当 $n \geqslant 5$ 时不可能用根号求解（这里系数 a_i 可取任何复数），而且还建立了具体数字系数的代数方程可用根号求解的判别准则，并举出不能用根号求解的数字系数代数方程的实例. 这样，他就透彻地解决了这个在长达两百多年的时间中使不少数学家伤透脑筋的问题. 不仅如此，伽罗瓦所发现的结果，他的奇特思想和巧妙方法，现已成为全部代数的中心内容. 从这一点上说，他作为抽象代数的创始人之一是当之无愧的，他的贡献不仅仅限于解决代数方程根号求解的问题.

§2　圆规直尺作图

在历史上，限用圆规直尺的古希腊四大几何作图难题，一直引起无数数学家和数学爱好者的浓厚兴趣. 这里所说的直尺是没有刻度的（因为尺上的刻度总是近似的），并且要求作图必须在有限步完成. 为什么非要限用圆规直尺作图呢？希腊人认为，直线和圆弧是构成一切平面几何图形的基本图形，而直尺和圆规则是直线和圆弧的具体化. 他们甚至认为只有使用圆规直尺作图才能确保其严密性. 到了公元前 3 世纪的欧几里得时期，创立了以五条公设为基础的欧氏几何，就更加严格限用圆规直尺作图了. 现在我们把这四个难

第1章 历史概况

题逐一介绍一下. 我们约定:凡说到"可作",总指限用圆规直尺能在有限步内作出.

(一)将任意角三等分. 这等价于将任意一段圆弧三等分. 中学生学会了用圆规直尺把任意角二等分,那么,自然要问:能否将任意角三等分呢? 在历史上的确有过一些三等分角的作图法. 早在公元前5世纪,希腊人希皮亚斯(Hippias,生于公元前425年左右)特地为此发明了一种割圆曲线,用它可把任意角三等分. 割圆曲线的作法如图1. 在平面上作 AB 垂直于 AD,且 $|AB|=|AD|$,作 BC 平行于 AD. 将 AB 绕点 A 顺时针匀速转到 AD. 同时,将 BC 匀速平行下移与 AD 重合. 设 AB 转到 AD' 时,BC 正好平移到 $B'C'$. AD' 与 $B'C'$ 交于 E',则这个 E' 就是割圆曲线上的一般点. 如果割圆曲线已经作出,那就可把任意角三等分了. 不妨设 $\angle E'AD=\varphi$,作 $E'H$ 垂直于 AD,在 AD 上的垂足是 H. 把线段 $E'H$ 三等分(这容易用圆规直尺作出,见第151页的注①),使 $|H'H|=\dfrac{|E'H|}{3}$,过 H' 作 $B''C''$ 平行于 AD,交割圆曲线于 E''. 注意到割圆曲线是按照两个"匀速"的要求作出的,所以必有

$$\dfrac{\angle E''AD}{90°}=\dfrac{|H'H|}{|AB|}=\dfrac{1}{3}\dfrac{|E'H|}{|AB|}=\dfrac{1}{3}\dfrac{\angle E'AD}{90°}$$

于是 $\angle E''AD=\dfrac{\angle E'AD}{3}=\dfrac{\varphi}{3}$. 可惜的是这种割圆曲线是绝不可能只用圆规直尺在有限步内作出的.

11

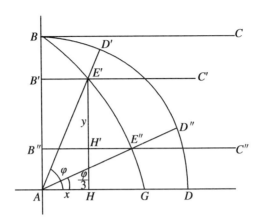

图 1

到了公元前 3 世纪,希腊数学大师阿基米德曾给出一个非常简单的方法,如图 2. 任给 $\angle AOB = \varphi$,设 F 和 F' 是某直尺的两个端点,用有色笔在此直尺上任意画上一个点 E. 以 O 为圆心,$|EF| = r$ 为半径作半圆,交角 φ 的两边于 A 和 B. 现在这样来放置直尺,让 E 在圆周上滑动,F 在 OB 的反向延长线上滑动,恰使此尺过点 A,则有

$$\begin{aligned}\varphi &= \angle AOB = \angle AFO + \angle OAE \\ &= \angle AFO + \angle OEA = 2\angle AFO + \angle EOF \\ &= 3\angle AFO\end{aligned}$$

所以 $\angle AFO = \dfrac{\varphi}{3}$. 可惜,在直尺上画上点 E 不符合尺规作图的规定. 稍为放松一"点"要求,三等分任意角就可作了!类似这种不易觉察的"想当然"式的漏洞,三等分角者经常会不自觉地产生. 当然,阿基米德知道这是犯规的,但苦于无法否定它的可作性. 在本书中我们

将要证明,的确存在不可以三等分的角,例如 60°. 另一方面,只要 n 不能被 3 整除,角 $\alpha = \dfrac{\pi}{n}$ 必可三等分. 在一百多年前,这个问题已有定论:三等分任意角不可作. 企图用圆规直尺把任意角三等分,就像企图发明永动机一样,是不会成功的.

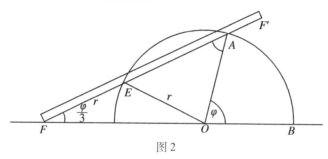

图 2

（二）倍立方. 根据历史记载,公元前 430 年,雅典城流行鼠疫,居民们向阿波罗神殿请求驱除瘟疫,巫神命令他们把现有的立方体祭坛的体积扩大一倍,但仍要保持立方体的形状. 于是倍立方问题就产生了. 人们去请教柏拉图（Plato,公元前 427—前 347）,他说,巫神之意是借此谴责希腊人不重视数学,并对几何学不够尊崇. 当然,这些都是传说而已. 其实,提出这个问题也是很自然的. 因为以任一正方形的对角线为边所得的新正方形,其面积恰是原正方形面积的两倍,这是一个倍平方问题,转而考虑立方体就是倍立方体问题了. 古希腊的毕达哥拉斯学派的希波克拉提斯（Hippocrates,约公元前 460—前 377）早就指出:倍立方问题可归结为求线段 a 与 $2a$ 之间的两个比例中项 x 和 y 的问题,

这里 a 是给定立方体的棱长
$$a:x = x:y = y:2a$$
事实上,此时有 $x^2 = ay, y^2 = 2ax, x^4 = a^2 y^2 = 2a^3 x$,在等式两边约掉 x 后即得
$$x^3 = 2a^3$$
于是棱长为 x 的立方体的体积就是棱长为 a 的立方体体积的两倍. 但是,这个 x 如何作出呢? 后来有人用两把直角尺(称为矩)作出了这个 x. 其作法如图 3. 任作两条互相垂直的直线 $M'B'$ 和 $A'N'$,交点为 O. 截取 $|OB| = a, |OA| = 2a$. 取两把直尺甲和乙,让甲的直角顶在 $M'B'$ 上移动,一条直角边通过点 A;乙的直角顶在 $A'N'$ 上移动,一条直角边通过点 B. 再如此协调甲和乙的位置,使它们的另一对直角边正好重合,这样就产生了图上的 M 和 N 两点. 于是 $|ON| = x, |OM| = y$,此 x 即为所求. 显然,这不能算是圆规直尺作图,我们将很容易地证明,作出倍立方体的棱长也是圆规直尺无法办到的.

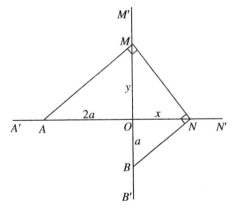

图 3

（三）**化圆为方**. 求作一个正方形使其面积与给定圆的面积相等. 这是历史上曾经风靡一时的等积问题（作新图形与原图形的面积相等）的特例. 欧洲文艺复兴时期的达·芬奇(Leonardo da Vinci, 1452—1519)曾很巧妙地解决了这个问题, 如图 4. 以半径为 r 的已知圆为底作一个圆柱, 其高为 $\frac{r}{2}$. 将这个圆柱在平面上滚动一周, 产生一个矩形, 其边长为 $\frac{r}{2}$ 和 $2\pi r$, 以 $2\pi r + \frac{r}{2}$ 为直径作一个半圆. 在分点 A 处作一条垂线交半圆于点 B, 则

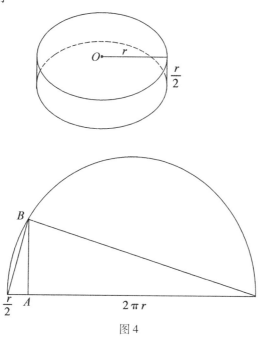

图 4

$$|AB|^2 = \frac{r}{2} \cdot 2\pi r = \pi r^2$$

因此,以 $|AB|$ 为边长的正方形的面积就是已知圆的面积. 但是这种方法也不符合圆规直尺作图的规定. 如果设已知圆的半径为 1, 则面积为 π. 于是要作的正方形的边长 $x = \sqrt{\pi}$. 直到 1882 年, 林德曼 (F. Lindeman, 1852—1939) 证明了 π 是超越数以后, 才知道限用圆规直尺实现化圆为方也是不可能的.

(四) 作正 n 边形. 这等价于把整个圆周 n 等分. 早在古希腊的欧几里得时期, 人们就知道边数为

$$3, 5, 15, 2^n, 2^n \cdot 3, 2^n \cdot 5, 2^n \cdot 15$$

(n 是任意自然数) 的正多边形是可作的. 但在以后的两千多年的时间内却毫无进展, 甚至数学家们一致声称不存在其他可作的正多边形了! 在这个问题上, 第一个做出卓越贡献的当推 18 世纪末的德国天才数学家高斯. 1796 年, 这位年仅 19 岁的大学生限用圆规直尺作出了正十七边形. 当时, 高斯兴致勃勃地去告诉他的导师, 然而得到的竟是冷嘲热讽. 因为这个发现太出乎意料了, 使人难以相信. 由于这位教授也曾炫耀过他的诗集, 于是高斯回敬他是"数学家中最好的诗人和诗人中最好的数学家". 当导师确定高斯已经得到正确结果时, 就热烈地赞扬了他. 为了永远纪念高斯在青年时代的这个重要发现, 1855 年他逝世后, 在他的出生地布鲁斯维克的墓碑上, 刻着一个内接于圆的正十七边形.

此外, 高斯还进一步断言: 一个正 n 边形可作当且

第1章 历史概况

仅当 $n = 2^e p_1 p_2 \cdots p_s$，这里 e 是任意自然数或 0，p_1，$p_2,\cdots,p_s$ 是 s 个两两不同的形如 $2^{2^t}+1$ 的素数. 当时，高斯仅证明了这一断言的充分性，其必要性是由旺策尔(P. L. Wantzel, 1814—1848) 于 1837 年证明的. 我们也将用伽罗瓦理论证明高斯的这一结论.

解决这些乍看起来似乎并不困难的问题,怎么会经历如此漫长而又艰难的岁月呢？两千多年来,曾有无数人将自己的聪明才智倾注在这些难题上,但未得到丝毫结果,其原因就是缺乏一些新的工具. 拉格朗日使用的工具——预解式,在 $n=5$ 时失效了. 直到伽罗瓦等人找到了真正有效的工具——抽象代数学中的群、环和扩域理论,这些长期折磨着人们的难题才一一迎刃而解,这就是我们在下两章中要讲的内容. 由于这些内容涉及许多抽象代数的重要概念,这些概念不但对解决上述古典难题必不可少,而且也是抽象代数这门学科的基础,因此我们打算由浅入深地将它们向读者做些简要的介绍.

群的基本知识

第 2 章

§1 集合与映射

抽象代数学有两块重要的基石. 一块叫集合,另一块叫映射.

集合这个概念是大家很熟悉的. 例如,某些数可组成一个数集合,某些平面向量或空间向量可组成向量集合. 另外,还有矩阵集合、多项式集合、函数集合、点集合、线集合、面集合,等等. 在本书中除要用到这些常见的集合以外,主要是讨论由某些变换所组成的集合,关于变换的定义将在本节末引进. 通俗地说,把某些(数量上可为有限或无限)研究对象放在一起,就组成了一个集合 S,而且我们总可判定任一对象是否属于某个给定的集合 S. 例如,令 $\mathbf{Z}$ 是由全体整数所组成的集合. 任给一数,若它是整数,则属于 $\mathbf{Z}$,否则就

第 2 章 群的基本知识

不属于 **Z**. 属于集合 S 的对象称为 S 中的元素. 在对集合做一般性讨论时,我们不再关心那些元素究竟代表着什么东西. 因此,元素是一个抽象概念,它可以是任意需要研究的对象. 特别需要指出的是,集合中的元素本身也可以是集合. 例如,一所学校的所有班级组成一个集合,而每个班级又是由该班全体学生所组成的集合. 现在,我们把集合论中常用的记号先向读者介绍一下. 若 a 是集合 S 中的一个元素,则记为 $a \in S$;否则,记为 $a \notin S$. 设 A 和 B 是两个集合,若 A 中任一元素都在 B 中,则记为 $A \subseteq B$ 或 $B \supseteq A$,此时,称 A 是 B 的子集,B 是 A 的扩集. 若 A 中的元素都在 B 中,且至少存在一个元素 $b \in B$ 而 $b \notin A$,则称 A 是 B 的真子集,B 是 A 的真扩集,记为 $A \subsetneq B$ 或 $B \supsetneq A$. 若 $A \subseteq B$ 且 $B \subseteq A$,则称这两个集合相等,记为 $A = B$. 今后,我们将经常采用证明 $A \subseteq B$ 和 $B \subseteq A$ 的途径得出 $A = B$ 的结论. 既属于 A 又属于 B 的元素的集合称为 A 与 B 的交集,记为 $A \cap B$. 由 A 和 B 的所有元素所组成的集合称为 A 与 B 的并集,记为 $A \cup B$. 常用的集合表示法有以下两种. 若 S 中仅包含很少几个元素,则常采用枚举法. 例如,从 0 到 5 的所有整数组成的集合可记为 $S = \{0,1,2,3,4,5\}$. 不过,在不会引起误会的前提下,也可用 $S = \{1,2,\cdots,n\}$ 表示 1 到 n 的所有自然数,尽管 n 可以是很大的自然数. 对于一般集合(有限集或无限集),常采用特性表示法. 例如,从 0 到 100 的所有偶数组成的集合可记为

$$S = \{x \mid x \text{ 是偶数},\text{满足 } 0 \leqslant x \leqslant 100\}$$

又如行列式为 1 的 n 阶实矩阵全体组成的集合可记为
$$S = \{A \mid A \text{ 为 } n \text{ 阶实矩阵}, \det A = 1\}$$
这里,x 和 A 都是属于这个集合的元素名称或记号,写在竖线的左边. 在竖线右边的是一张表示该特性的"说明书",根据这张"说明书"可确定某个数 x 或矩阵 A 是否属于所讨论的集合 S. 当然,为了保证集合中元素的确定性,不允许出现那种含糊不清的"说明书".
在特性表示法中,也可不写出元素的名称. 例如
$$S = \{\text{实系数一元多项式}\}$$
就是表示由所有的系数为实数的一个变元的多项式所组成的集合. 在本书中,我们约定采用以下记号代表有关集合,使用时就不一一说明了,即
$$\mathbf{Z} = \{\text{整数}\}, \quad \mathbf{Q} = \{\text{有理数}\}$$
$$\mathbf{R} = \{\text{实数}\}, \quad \mathbf{C} = \{\text{复数}\}$$
$$F[x] = \{\text{数域 } F \text{ 上的一元多项式}\} \text{①}$$
$$M_n(\mathbf{R}) = \{\text{实系数 } n \text{ 阶方阵}\}$$
$$GL_n(\mathbf{R}) = \{\text{实系数 } n \text{ 阶可逆阵}\}$$
$$SL_n(\mathbf{R}) = \{\text{行列式为 1 的实系数 } n \text{ 阶阵}\}$$
这里的花括号都有"全体"的意思. 若 S 是某一包含数 0 的数集,去掉 0 后剩下的集合记为 S^*. 例如,$\mathbf{Q}^*$ 表示非零有理数全体,$\mathbf{R}^*$ 表示非零实数全体,等等. 若 S 是有限集,则用 $|S|$ 表示 S 中所含元素的个数.
在引进映射的概念之前,让我们先回忆一下单值函数的概念. 例如

---

① 详见第 3 章 §1.

第2章 群的基本知识

$$y = 4x^3 + 5x^2 - 6x + 3, \ y = \sqrt{x}, \ y = e^x, \ y = \sin x$$

还有符号函数 $y = \text{sgn}(x)$,它对正实数 x 取值 1;对 $x = 0$ 取值 0;对负实数 x 取值 -1. 这些五花八门的函数有一个共同之处:对于定义域中任意一个 x 值,都可根据函数表达式求出唯一的 y 值与之对应. 我们称它们为单值函数. 易见,$y = \pm\sqrt{x}, y = \arctan x$ 都不是单值函数. $y = \ln x$ 是单值函数,但是负数无对数. 一般地,用 $y = f(x)$ 表示 y 是 x 的(单值)函数. 其实,就其本质来说,函数关系不必写得如此烦琐,仅写 $f(x)$ 即可:给定一个 x 值,就可唯一确定函数值 $f(x)$. 这件事也可表示成

$$f: x \to f(x) \ \text{或} \ x \xrightarrow{f} f(x) \qquad (1)$$

读作函数关系 f 把 x 变为 $f(x)$. 这样就把 f 和 x 拆开了,f 仅是一个函数记号,它的意思是,根据函数关系 f,对于任一 x 值都可唯一确定函数值 $f(x)$. 所以这个 f 实际上是一个对应法则. 上述表示法(1)仅说出了元素之间的关系,有时还需要说明两个集合之间的关系. 例如,给定某个函数关系 f,如果对任一实数 x,得出的 $f(x)$ 仍是实数,就说 f 确定了实数集 $\mathbf{R}$ 到 $\mathbf{R}$ 的一个映射,记为

$$f: \mathbf{R} \to \mathbf{R} \ \text{或} \ \mathbf{R} \xrightarrow{f} \mathbf{R}$$

在上述各例中,$\sqrt{x}$ 是非负实数集 $\mathbf{R}_+$ 到 $\mathbf{R}_+$ 的映射(当然也是复数集 $\mathbf{C}$ 到 $\mathbf{C}$ 的映射),符号函数 $\text{sgn}(x)$ 是 $\mathbf{R}$ 到三元集 $\{-1, 0, 1\}$ 的映射,$\sin x$ 是 $\mathbf{R}$ 到实闭区间 $[-1, 1]$ 的映射. 请读者试对 e^x 和 $\ln x$ 做出相应的叙

述.

映射离不开集合,关于两个集合之间的映射的定义如下.

定义 1.1 设 A 和 D 是两个集合. 若存在某个对应法则 f,使对任一 $a \in A$,都能唯一确定 D 中的一个元素 d 与之对应,则称 f 是 A 到 D 的一个单值映射,记为

$$f: a \to d \text{ 或 } a \xrightarrow{f} d \text{ 或 } d = a^f$$

称 d 是 a 在 f 之下的象,称 a 是 d 在 f 之下的某个原象.

注意,A 中不同的元素在 D 中可以有同一个象. 例如,$x \to \sin x$ 是 $\mathbf{R}$ 到 $[-1,1]$ 的单值映射,不同的 x 可以有相同的正弦值. 又如 $A \to \det A$ 是 $M_n(\mathbf{R})$ 到 $\mathbf{R}$ 的映射,但不同的矩阵可以有相同的行列式. 因为我们只讨论单值映射,以后就省略"单值"两字. 一个 A 到 D 的对应法则称得上是一个映射,它必须满足三个条件:A 中任一元素都有象,象必在 D 中,且象是唯一的. 此三要素缺一不可! 映射的第三种表示法 $d = a^f$ 是本书中采用的主要记号,把映射 f 写在 a 的右上角标处表示 a 在 f 之下的象. 于是函数 $f(x)$ 作为一种特殊的映射,函数值 $f(x)$ 就是 x^f. 这种写法初看起来很别扭,但读者将会发现,在很多场合下,它既是方便的,又是合理的,所以必须习惯于这种记号.

设 f 是 A 到 D 的映射. 若对任一 $d \in D$,必存在 $a \in A$ 使 $d = a^f$,则称 f 是 A 到 D 的满射,或说 f 是 A 到 D 的映射. 若对 A 中不同的元素,在 f 之下有不同的象,

即 $a^f = b^f$ 当且仅当 $a=b$，则称 f 是 A 到 D 的单射. 如果 f 既是满射，又是单射，就称为双射或一一对应，此时，D 中任一元素 d 必是 A 中某一元素 a 的象，且 a 是 d 的唯一的原象. 特别地，当 A 和 D 都是有限集合时，所含元素的个数必相等. 学到这里，读者应能构造出一些映射，并判定哪些是单射、满射或双射. 映射概念是函数概念的推广，这是一个很重要的"抽象".

在定义 1.1 中，A 和 D 可以是两个任意的集合. 特别地，若 $D=A$，即 f 是 A 到 A 自身的映射，则称 f 是 A 的变换. A 到 A 的满射称为满变换，单射称为单变换，一一映射称为一一变换. 有一种特殊的变换称为恒等变换，它保持 A 中任一元素不变: $a \to a$，$\forall a \in A$. 这里的记号"$\forall$"具有"所有""对一切"的意思. 常用 1_A 表示 A 中的恒等变换. 在不会引起混淆时，就用 1 表示恒等变换. 当然，它并不是数字 1. 易见，恒等变换必是一一变换.

设 A 是某个取定的集合. 考虑由 A 中的变换全体所构成的集合 T. 对于 $\sigma, \tau \in T$，可定义 σ 与 τ 的乘积 $\sigma\tau$ 为

$$a^{\sigma\tau} = (a^\sigma)^\tau, \forall a \in A$$

这就是说，对于 A 中任一元素 a，规定 a 在 $\sigma\tau$ 之下的象是 $(a^\sigma)^\tau$，即先求出 a 在 σ 之下的象 a^σ，再求出 a^σ 在 τ 之下的象 $(a^\sigma)^\tau$. 易见，$\sigma\tau$ 也是 A 中的变换. 变换的乘积是复合函数概念的推广和抽象. 两个函数 f 和 g 的复合函数 fg 是新函数

$$(fg)(x) = f[g(x)]$$

这里,在 fg 中,g 后写,但先求值 $g(x)$,f 先写,但后求值 $f[g(x)]$,这就给了人们一种颠倒的感觉. 若采用我们的记号,则 f 和 g 的复合函数应是
$$x^{gf}=(x^g)^f$$
这样,求值次序与书写次序就一致了!众所周知,$(fg)(x)$ 与 $(gf)(x)$ 未必是同一个函数,而函数是映射的特例,所以两个映射 σ 和 τ 的乘积 $\sigma\tau$ 与 $\tau\sigma$ 也未必相等. 因此,在作变换的乘积时,必须讲清楚是 σ 与 τ 相乘还是 τ 与 σ 相乘. 这与数的乘法有本质性不同. 若 σ 是 A 中的任一变换,1 是 A 中的恒等变换,则由乘积的定义立刻得到
$$\sigma\cdot 1=1\cdot\sigma=\sigma$$
所以恒等变换又称为单位变换.

设 φ,σ 和 τ 是集合 A 中的三个变换,则从图 5 可直观地看出变换的乘法满足结合律:$(\varphi\sigma)\tau=\varphi(\sigma\tau)$,即先求出 φ 与 σ 之积 $\varphi\sigma$,再求与 τ 之积,或者,先求出 σ 与 τ 之积 $\sigma\tau$,再求 φ 与 $\sigma\tau$ 之积,所得的结果是一样的. 读者应该记住这件事情,以后用到时就不再说明了.

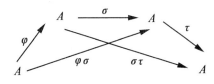

图 5

第 2 章　群的基本知识

§2　群的定义

群的概念属于代数学的范畴,它是伽罗瓦在 19 世纪 30 年代提出的,但是,迟至下半世纪才真正被人们所理解和接受. 至今一百多年来,它在数学的各个分支和物理学、力学、化学、生物学、计算机科学等方面都有越来越广泛的应用. 同时,实际应用的需要又促使群论本身不断得到丰富、深刻和提高. 可以预见,以群论为基础的抽象代数学必将与拓扑学一起成为各个数学学科的基础知识和基本工具. 这无非有两个方面的原因. 其一,群论作为一种工具,能在较高的观点上,把一些形式上很不相同的代数系统,撇开其个性,抽出其共性,用统一的方法描述、研究和推理,从而得到一些反映事物本质的结论,再把它们应用到那些代数系统中去. 高度的抽象产生了广泛的应用. 其二,可以根据需要构造出一种新的群,再利用群的性质,使一些疑难问题迎刃而解. 因为群的结构往往体现着事物的本质. 伽罗瓦就是运用置换群理论解决了高次代数方程根号求解等疑难问题的.

群虽然是一个抽象概念,但却有着无数的实际背景. 不知你是否意识到,在数学中,在其他学科中,甚至在日常生活中,到处都有群. 例如,任意两个整数相加仍是整数,整数的相反数仍是整数,0 是整数,我们就说,整数全体 **Z** 是一个加法群. 再考虑非零有理数全体 **Q***. 两个非零有理数相乘是非零有理数,任意一个非零有理数的倒数必是非零有理数,1 是非零有理数,我们说 **Q*** 是一个乘法群. 以后我们将要说明, 钟面上的 12 个钟点数、每年中的 12 个月、每星期中的 7 天、每小时中的 60 分钟等都是加法群. 另外, 空间中的刚体运动、晶体的结构、化学分子的结构、生物的形态等也都可用群论方法来研究. 总之, 群是某个集合, 其中定义了某个运算, 另外还满足某些条件. 群的确切定义如下.

定义 2.1 设 G 是某个非空集合. 在 G 中定义着某个运算"·". 若满足以下条件:

(1) 封闭性: 对任意 $a, b \in G$, 有唯一的运算结果 $a \cdot b \in G$;

(2) 结合律: 对任意 $a, b, c \in G$, 有 $(a \cdot b) \cdot c = a \cdot (b \cdot c)$;

(3) 单位元: 存在某个元素 $e \in G$, 使得对任意 $a \in G$, 都有 $e \cdot a = a \cdot e = a$;

(4) 逆元: 对任一 $a \in G$, 必存在某个元素 $b \in G$, 使 $a \cdot b = b \cdot a = e$.

则称 G 关于这个运算"·"构成群, 记为 $(G, \cdot)$.

满足第 3 个条件的那个元素 e 称为单位元, 每个群只有一个单位元. 一个元素是不是单位元, 当然与具体的运算有关. 若运算是数的加法, 则单位元是数 0, $0 + a = a + 0 = a$. 若运算是数的乘法, 则单位元是数 1, $1 \cdot a = a \cdot 1 = a$. 满足第 4 个条件的元素 b 称为 a 的

逆元，它由 a 唯一确定，通常记为 a^{-1}，有 $a \cdot a^{-1} = a^{-1} \cdot a = e$. 对于数的加法来说，$a$ 的逆元是 a 的相反数 $-a$，$a + (-a) = (-a) + a = 0$. 对于数的乘法来说，a 的逆元是 a 的倒数 $\frac{1}{a}$，$a\left(\frac{1}{a}\right) = \left(\frac{1}{a}\right)a = 1$. 易见，只有非零数才有逆元. 在这里需要强调指出，在群的定义中，运算"·"是一个抽象的记号，它可以代表加法，可以代表乘法，也可以代表任何其他运算，具体的群需要有具体的规定. 为了便于做统一的讨论，我们就把它称为"乘法"，而且经常省略这个乘号，干脆把 $a \cdot b$ 缩写为 ab. 但必须注意，若是加法，则它表示 $a + b$. 严格说来，讲到群必须讲明是哪个集合和哪个运算. 例如，整数集 **Z** 关于加法成群，需写成 (**Z**, +). 由于不等于 ± 1 的整数的倒数一定不是整数，所以 **Z** 关于乘法不成群. 但是，群的这种带有圆括号的写法毕竟是个累赘，因此，在不会引起误会的前提下，或者所讨论的命题是否正确并不依赖于运算的具体规定时，我们径直用 G 表示群 $(G, \cdot)$，它的含义就是 G 关于某个运算成群. 例如，可把群 (**Z**, +) 简写成群 **Z**. 如果群 G 中仅含 n 个元素，则称 G 是 n 阶群，并记为 $|G| = n$. 我们称这种群为有限群. 不是有限群的群称为无限群.

对照这个定义可以验证，偶数全体是无限加法群，但不是乘法群. 奇数全体，自然数全体既不是加法群，又不是乘法群. **Q*** 是无限乘法群，但 **Q** 不是乘法群. 如果把钟面上的 12 点规定念作零点，则 12 个钟点数 $\{0, 1, 2, \cdots, 11\}$ 就是一个 12 阶加法群，0 是单位元. 由

$3+9=12=0$ 知，3 的逆元是 9，9 的逆元是 3. 同理，若把星期日念作星期零，则一周中的 7 天就是 7 阶加法群.

以上考虑的集合 G 都是数集，而且运算是数的加法或乘法. 但是，还存在大量的群 $(G,\cdot)$，其中 G 不再是数集了. 例如，实系数多项式全体 $\mathbf{R}[x]$ 关于多项式加法成群，但关于多项式乘法不成群①. $M_n(\mathbf{R})$ 关于矩阵加法成群，关于矩阵乘法不成群. $GL_n(\mathbf{R})$ 和 $SL_n(\mathbf{R})$ 关于矩阵乘法都成群，但关于矩阵加法却不成群.

设 G 是群，G 中任一元素 a 必有逆元 a^{-1}：$aa^{-1}=a^{-1}a=e$. 根据这一事实可以证明在群中消去律成立，即若有 $ab=ac$，两边左乘 a^{-1}，得 $eb=ec$，$b=c$. 同理，可由 $ba=ca$ 推得 $b=c$. 因为对 $a,b \in G$ 未必有 $ab=ba$，所以当 $ab=ca$ 时未必有 $b=c$. 同理，也不能由 $abc=dbf$ 推出 $ac=df$. 因此，在群中只有位于等式两边同侧端点的相同元素才能被消去. 运用群中消去律可得出有限群的一个重要性质. 设 $G=\{a_1,a_2,\cdots,a_n\}$ 是 n 阶群. 任意取定某个 $a_j \in G$，把它左乘 G 中所有的元素，得到集合

$$G_l = \{a_j a_1, a_j a_2, \cdots, a_j a_n\}$$

根据群中乘法封闭性知，$G_l \subseteq G$. 如果在 G_l 中某两个元素相同：$a_i a_j = a_i a_k$，则由消去律得 $a_j = a_k$，所以 G_l 中 n 个元素两两不同. 于是必有 $G_l = G$. 同理可证

$$G_r = \{a_1 a_j, a_2 a_j, \cdots, a_n a_j\} = G$$

---

① 关于多项式的运算见第 3 章 §1.

第 2 章 群的基本知识

§3 变换群与置换群

在伽罗瓦理论中主要考虑变换群,其研究对象是某些变换,而变换就是某个集合中的映射.设 S 是某个取定的集合,把 S 中全体变换所构成的集合记为 T. 在 T 中已定义了变换的乘法:对 $\sigma, \tau \in T$,规定
$$a^{\sigma\tau} = (a^{\sigma})^{\tau}, \forall a \in S$$
那么要问 $(T, \cdot)$ 是否成群呢?这里运算"·"取为变换的乘法.显然,S 中的变换的乘积仍是 S 中的变换,变换的乘法满足结合律,恒等变换 1 是 T 中的单位元. 可惜第 4 个条件未必满足,即对 $\sigma \in T$,未必存在逆变换 $\tau \in T$ 使 $\sigma\tau = \tau\sigma = 1$. 对此,我们只要举出一个反例就够了.例如,取 σ 是这样一个变换,它把一切 $x \in S$ 都变为 S 中某个确定的元素 a,即 $x^{\sigma} = a, \forall x \in S$. 若存在 $\tau \in T$ 使 $\sigma\tau = 1$,则应有 $x = x^{\sigma\tau} = a^{\tau}, \forall x \in S$. 这说明任一 $x \in S$ 都是这个 a 在 τ 之下的象.因此,当 $|S| \geq 2$ 时,就与象的唯一性要求相抵触,这个 τ 不是单值变换.由此可见,这个 σ 不存在逆变换.

那么,哪些变换一定存在逆变换呢?我们证明:某个变换存在逆变换,当且仅当它是一一变换.这种存在逆变换的变换称为可逆变换.设 σ 是集合 S 中的可逆变换,则存在 $\tau \in T$ 使 $\sigma\tau = \tau\sigma = 1$. 任取 $a' \in S$,记 $(a')^{\tau} = a$,则 $a \in S$,且 $a^{\sigma} = (a')^{\tau\sigma} = a'$,这说明 σ 是

满射. 又若对 $a,b \in S$ 有 $a^\sigma = b^\sigma$, 则 $a^{\sigma\tau} = b^{\sigma\tau}$, 即 $a = b$, 这又说明 σ 是单射. 于是, σ 是一一变换. 反之, 设 σ 是一一变换, 即是 S 到 S 的双射, 则对任一 $a' \in S$, 必存在唯一的 $a \in S$ 使 $a^\sigma = a'$. 若令 $\tau: a' \to a$, 这里 $a^\sigma = a'$, 则 τ 也是 S 中的一个变换. 由 $a^{\sigma\tau} = (a')^\tau = a$, $\forall a \in S$ 知 $\sigma\tau = 1$. 又由 $(a')^{\tau\sigma} = a^\sigma = a'$, $\forall a' \in S$ 知 $\tau\sigma = 1$. 所以 σ 是可逆变换. 这样, 可逆变换与一一变换就是一回事了! 集合 S 上的可逆变换全体关于变换乘法成群, 称为集合 S 上的变换群①.

在伽罗瓦理论中起关键作用的是一种特殊的变换群——置换群, 它就是仅含 n 个文字(或序号)的有限集合 $S = \{1, 2, \cdots, n\}$ 上的变换群. 现在, 我们来详细地说明它的构造.

若 $n = 1$, 则 $S = \{1\}$ 上的变换仅有一个, 即恒等变换. 逐个检验群的四个条件可知, $S_1 = \left\{\begin{pmatrix} 1 \\ 1 \end{pmatrix}\right\}$ 也构成群, 这是只含一个文字的集合 S 上的变换群, 这里 $\begin{pmatrix} 1 \\ 1 \end{pmatrix}$ 表示把 1 变为 1 的恒等变换.

若 $n = 2$, 则 $S = \{1, 2\}$ 上的变换仅有以下两个: 一个是恒等变换, 它保持 1 和 2 不变; 另一个是把 1 变为 2, 2 变为 1. 这两个都是一一变换, 依次记为 $\begin{pmatrix} 1 & 2 \\ 1 & 2 \end{pmatrix}$ 和 $\begin{pmatrix} 1 & 2 \\ 2 & 1 \end{pmatrix}$. 在这种记号中, 第一行就是 S 的元素, 且按自然

---

① 一般书上是把它的子群称为变换群.

第 2 章　群的基本知识

顺序排列. 位于这行中每个文字下面的对应文字就是它在此变换之下的象. 例如, $\begin{pmatrix} 1 & 2 \\ 2 & 1 \end{pmatrix}$ 表示这个变换把 $1\to 2, 2\to 1$. 当然, 就确定某个一一对应关系来说, $\begin{pmatrix} 1 & 2 \\ 1 & 2 \end{pmatrix}$ 与 $\begin{pmatrix} 2 & 1 \\ 2 & 1 \end{pmatrix}$ 没有丝毫区别, 都表示恒等变换. 同理, $\begin{pmatrix} 1 & 2 \\ 2 & 1 \end{pmatrix}$ 与 $\begin{pmatrix} 2 & 1 \\ 1 & 2 \end{pmatrix}$ 都表示互换 1 与 2 的变换, 所以 $S = \{1, 2\}$ 上的变换群可记为

$$S_2 = \left\{ \begin{pmatrix} 1 & 2 \\ 1 & 2 \end{pmatrix}, \begin{pmatrix} 1 & 2 \\ 2 & 1 \end{pmatrix} \right\}$$

它是 2 阶群. 这个群的几何背景如下: 在平面上任取一条线段, 其端点分别标为 1 与 2. 变动它的状态, 使其所占平面位置不变, 至多改变其端点的序号. 易见, 这种变换仅有 S_2 中的两个: 保持 $\overset{1}{\bullet}\!\rule[0.5ex]{1em}{0.4pt}\!\overset{2}{\bullet}$ 不变, 或把 $\overset{1}{\bullet}\!\rule[0.5ex]{1em}{0.4pt}\!\overset{2}{\bullet}$ 变为 $\overset{2}{\bullet}\!\rule[0.5ex]{1em}{0.4pt}\!\overset{1}{\bullet}$.

若 $n=3$, 可证 $S=\{1, 2, 3\}$ 上的一一变换共有以下六个, 即

$$S_3 = \left\{ \begin{pmatrix} 1 & 2 & 3 \\ 1 & 2 & 3 \end{pmatrix}, \begin{pmatrix} 1 & 2 & 3 \\ 2 & 3 & 1 \end{pmatrix}, \begin{pmatrix} 1 & 2 & 3 \\ 3 & 1 & 2 \end{pmatrix}, \begin{pmatrix} 1 & 2 & 3 \\ 1 & 3 & 2 \end{pmatrix}, \begin{pmatrix} 1 & 2 & 3 \\ 3 & 2 & 1 \end{pmatrix}, \begin{pmatrix} 1 & 2 & 3 \\ 2 & 1 & 3 \end{pmatrix} \right\}$$

它们相当于把顶点编号为 1, 2, 3 的平面正三角形作如下变换, 不变其平面位置, 至多使顶点编号有所变动, 如图 6.

这里仍然认为

$$\begin{pmatrix} 1 & 2 & 3 \\ 2 & 3 & 1 \end{pmatrix}, \begin{pmatrix} 2 & 3 & 1 \\ 3 & 1 & 2 \end{pmatrix}, \begin{pmatrix} 3 & 1 & 2 \\ 1 & 2 & 3 \end{pmatrix}, \begin{pmatrix} 1 & 3 & 2 \\ 2 & 1 & 3 \end{pmatrix}, \begin{pmatrix} 2 & 1 & 3 \\ 3 & 2 & 1 \end{pmatrix}, \begin{pmatrix} 3 & 2 & 1 \\ 1 & 3 & 2 \end{pmatrix}$$

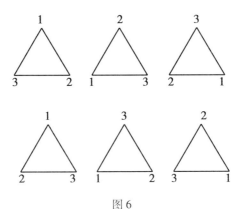

图 6

都代表同一变换:$1\to 2, 2\to 3, 3\to 1$. 因为上述 S_3 中的六个变换是 $S=\{1,2,3\}$ 上仅有的一一变换,所以它们关于变换乘法必定成群. 对于变换的这种新记号,我们应该具体地熟悉一下两个变换的乘法是如何计算的. 例如

$$\begin{pmatrix}1 & 2 & 3\\ 3 & 1 & 2\end{pmatrix}\begin{pmatrix}1 & 2 & 3\\ 2 & 1 & 3\end{pmatrix}=\begin{pmatrix}1 & 2 & 3\\ 3 & 2 & 1\end{pmatrix}$$

计算过程是这样的:第一个变换把 1 变成 3,接着第二个变换又把这个 3 变为 3,所以它们的乘积把 1 变为 3. 同理,它们的乘积把 2 变为 2,3 变为 1,因此,相乘结果必是 $\begin{pmatrix}1 & 2 & 3\\ 3 & 2 & 1\end{pmatrix}$. 类似地有

$$\begin{pmatrix}1 & 2 & 3\\ 2 & 1 & 3\end{pmatrix}\begin{pmatrix}1 & 2 & 3\\ 3 & 1 & 2\end{pmatrix}=\begin{pmatrix}1 & 2 & 3\\ 1 & 3 & 2\end{pmatrix}$$

由此也可看出,变换的乘积与它们相乘的次序有关,而且求变换的次序与书写次序一致.

够了! 我们不再对 $n=4,5,\cdots$ 的情况一一细说了. 从具体到抽象,从特殊到一般,让我们一跃而考虑

第2章 群的基本知识

任意自然数 n 的情形. 把 $S = \{1, 2, \cdots, n\}$ 上的一一变换全体记为 S_n, 它关于变换乘法成群. S_n 中元素的一般形状是

$$\begin{pmatrix} 1 & 2 & \cdots & i & \cdots & n \\ j_1 & j_2 & \cdots & j_i & \cdots & j_n \end{pmatrix}$$

它表示把 $1 \to j_1, 2 \to j_2, \cdots, i \to j_i, \cdots, n \to j_n$, 而 $j_1 j_2 \cdots j_n$ 是 $1, 2, \cdots, n$ 的任一排列, 即 $j_1, j_2, \cdots, j_n$ 都是 1 到 n 之间的某个自然数, 而且所取的数没有两个是重复的. 这好比把点号是 1 到 n 的 n 张牌任意洗乱后撒开来排成一行一样. 通常把 n 元有限集合上的一一变换称为 n 元置换. 由于它的几何背景是把平面正 n 边形的 n 个顶点作一些置换, 保持其平面位置不变, 也就是说, 它是一种几何对称变换, 所以置换又称为对称, S_n 就称为 n 次对称群. 因为 n 个文字的各种排列共有 $n! = 1 \times 2 \times 3 \times \cdots \times n$ 种, 所以 S_n 是 $n!$ 阶群. 伽罗瓦依凭着这个群解决了代数方程根号求解的问题, 因此, 我们要用较大的篇幅研究它.

我们采用的记号, 不但含义应该确切, 没有两义性, 而且应力求书写简洁, 使用方便. 置换的上述写法, 则令人很不满意. 一则, 每个置换都要写出上下两行, 这太占篇幅. 再则, 第一行千篇一律都是从 1 排到 n, 文字与位置的编号一致, 这本身就暗示着记号可以简化. 例如, 在 S_3 中, 置换 $\begin{pmatrix} 1 & 2 & 3 \\ 2 & 1 & 3 \end{pmatrix}$ 仅把 1 与 2 互换一下而保持 3 不变, 所以就可把它简写为 (1 2), 它的含义是把前一个文字 1 变为后一个文字 2, 再把尾巴上的

文字 2 变为头部的文字 1,不把 3 写出就表示 3 保持不变. 又如,在 S_4 中, $\begin{pmatrix}1&2&3&4\\2&4&3&1\end{pmatrix}$ 可简记为(1 2 4),它表示把 1→2,2→4,4→1,而保持 3 不变. 另外,恒等变换不变任何文字,但总不能一个文字都不写出,于是干脆把它记作(1),它表示不变任何文字. 于是 3 次对称群可记为

$$S_3 = \{(1),(1\ 2\ 3),(1\ 3\ 2),(2\ 3),(1\ 3),(1\ 2)\}$$

引进这些新记号后,置换的乘法也简化了. 例如

$$(1\ 3\ 2)(1\ 2) = (1\ 3),\quad (1\ 2)(1\ 3\ 2) = (2\ 3)$$

再如在 S_6 中

$$(1\ 4\ 5\ 6\ 2\ 3)(3\ 5\ 4\ 2) = (1\ 2\ 5\ 6\ 3)$$

它是这样算出来的:经过先左后右两个置换把 1→4→2,2→3→5,5→6→6,6→2→3,3→1→1,所以相乘结果是(1 2 5 6 3),不变 4. 上述这种圆括号表示的置换称为轮换,这是由于它的变换方式是把前一个变为后一个,且首尾相连,好像时针在钟面上轮回转圈一般. 因此

$$(1\ 2\ 5\ 6\ 3) = (2\ 5\ 6\ 3\ 1) = (5\ 6\ 3\ 1\ 2)$$
$$= (6\ 3\ 1\ 2\ 5) = (3\ 1\ 2\ 5\ 6)$$

它们都代表同一个轮换. 再考虑 S_4 中的如下置换 $\begin{pmatrix}1&2&3&4\\3&4&1&2\end{pmatrix}$,它是互换 1 与 3 和互换 2 与 4 的结果. 这说明我们可把这四个文字分成两组:$\{1,3\}$ 和 $\{2,4\}$,它们在变换时互不相干,可分别考虑. 我们把这一置换简记为(1 3)(2 4). 因为这两个轮换没有公

共文字,它们相乘的次序是可以交换的,所以也可写成(2 4)(1 3). 这说明,原来的四元置换可分解成两个二元轮换的乘积.

一般地,如下特殊的 n 元置换

$$\sigma = \begin{pmatrix} \cdots & i_1 & \cdots & i_2 & \cdots & i_{k-1} & \cdots & i_k & \cdots \\ \cdots & i_2 & \cdots & i_3 & \cdots & i_k & \cdots & i_1 & \cdots \end{pmatrix}$$

(其中没有写出来的都是在 σ 之下保持不变的文字) 可简写为

$$\sigma = (i_1 \ i_2 \cdots i_{k-1} \ i_k)$$

它表示 $i_1 \to i_2, i_2 \to i_3, \cdots, i_{k-1} \to i_k, i_k \to i_1$. 我们把它称为 k - 轮换,k 表示它的长度. 例如,(1 2 3)是 3 - 轮换,(1 5 2 3)是 4 - 轮换等. 特别地,2 - 轮换($i\ j$)称为对换,它仅互换 i 与 j,而保持其他所有文字不变. 可以断言:任一置换必可唯一地分解成若干个互不相交(即没有公共文字)的轮换之积,这些轮换因子的书写次序可以任意调动,也就是可以交换. 要证明这个结论并不困难,下述例子的分解方式具有普遍性

$$\begin{pmatrix} 1 & 2 & 3 & 4 & 5 & 6 & 7 & 8 & 9 \\ 4 & 7 & 6 & 5 & 1 & 2 & 3 & 9 & 8 \end{pmatrix} = (1\ 4\ 5)(2\ 7\ 3\ 6)(8\ 9)$$

其分解方法是从 1 出发,得 $1 \to 4 \to 5 \to 1$,一旦有数字重复出现(例如 1)就"关门",形成一个轮换因子(1 4 5),再从不在这个轮换中出现的最小文字,例如 2 出发,得 $2 \to 7 \to 3 \to 6 \to 2$,又形成(2 7 3 6),最后由 $8 \to 9 \to 8$ 得(8 9). 这样,这三个轮换因子无公共文字,彼此可交换,而且在不计各轮换的书写次序时,这种分解式是唯一的.

进一步,每个轮换又都可拆写成若干个对换之积,不过,这些对换因子必有公共文字,因此,相乘次序不能调动. 事实上,下列等式

$$(i_1\ i_2\cdots i_k) = (i_1\ i_2)(i_1\ i_3)\cdots(i_1\ i_k)$$
$$= (1\ i_1)(1\ i_2)\cdots(1\ i_k)(1\ i_1)$$

说明任一 k-轮换必可表示成 $k-1$ 或 $k+1$ 个对换之积,且轮换的对换分解式未必唯一. 进一步,因为对任意 i 和 j,必有 $(i\ j)(i\ j) = (1)$,所以这两个对换必可紧挨在一起插入对换分解式中的任意一个地方. 例如

$$(1\ 5\ 2\ 3) = (1\ 5)(1\ 2)(1\ 3)$$
$$= (2\ 4)(2\ 4)(1\ 5)(1\ 2)(1\ 3)$$
$$= (1\ 5)(2\ 4)(2\ 4)(1\ 2)(1\ 3)$$
$$= (1\ 5)(1\ 2)(2\ 4)(2\ 4)(1\ 3) = \cdots$$

尽管如此,我们仍可证明,在 k-轮换的任一对换分解式中所含对换因子的个数的奇偶性都是一致的,而且就是 $k-1$ 的奇偶性. 为此,考虑 k-轮换 $(i_1\ i_2\cdots i_k)$ 在范德蒙德行列式

$$V(x_{i_1},x_{i_2},\cdots,x_{i_k}) = \begin{vmatrix} 1 & \cdots & 1 & \cdots & 1 & \cdots & 1 \\ x_{i_1} & \cdots & x_{i_j} & \cdots & x_{i_l} & \cdots & x_{i_k} \\ x_{i_1}^2 & \cdots & x_{i_j}^2 & \cdots & x_{i_l}^2 & \cdots & x_{i_k}^2 \\ \vdots & & \vdots & & \vdots & & \vdots \\ x_{i_1}^{k-1} & \cdots & x_{i_j}^{k-1} & \cdots & x_{i_l}^{k-1} & \cdots & x_{i_k}^{k-1} \end{vmatrix}$$

$$= \prod_{1\leqslant t<s\leqslant k}(x_{i_s}-x_{i_t})$$

上的作用. 因为这个 k-轮换是把 $i_1\to i_2, i_2\to i_3,\cdots, i_{k-1}\to i_k, i_k\to i_1$,所以它把 $V(x_{i_1},x_{i_2},\cdots,x_{i_{k-1}},x_{i_k})$ 变为

第2章 群的基本知识

$V(x_{i_2},x_{i_3},\cdots,x_{i_k},x_{i_1})$,就是把原行列式中的 x_{i_1} 换成 x_{i_2},x_{i_2} 换成 x_{i_3} ……$x_{i_{k-1}}$ 换成 x_{i_k},x_{i_k} 换成 x_{i_1}. 因为范德蒙德行列式必是如上式所示的 $\dfrac{(k-1)k}{2}$ 个两个变量的差因子的乘积,所以变换前后的两个行列式最多相差一个负号,而且,是否改变原行列式的正负号完全由此 k-轮换决定,与对换分解式无关. 但是,任意一个对换 $(i_j i_l)$ 作用在行列式上就是仅仅互换第 i_j 和 i_l 两列,行列式必定变号,所以轮换的任一对换分解式中所含对换因子个数的奇偶性必相同. 既然置换 σ 可以唯一地分解成轮换之积,每个轮换又可表示成对换之积,所以 σ 可分解成若干个对换之积,且所含对换因子总个数的奇偶性由 σ 唯一确定. 因此,我们可把置换分成如下两大类:

定义 3.1 若置换 σ 可表示成偶数个对换之积,则称 σ 是偶置换,否则,称为奇置换.

于是,长度为奇数的轮换是偶轮换,长度为偶数的轮换是奇轮换. 对于给定的置换,如何确定其奇偶性呢?把置换 σ 写成互不相交的轮换之积

$$\sigma=\rho_1\rho_2\cdots\rho_s\tau_1\tau_2\cdots\tau_t$$

其中 $\rho_1,\rho_2,\cdots,\rho_s$ 都是偶轮换,$\tau_1,\tau_2,\cdots,\tau_t$ 都是奇轮换. 易见,σ 是偶置换当且仅当 t 是偶数,即长度为偶数的轮换因子有偶数个. 例如,(1 4 5)(2 7 3 6)(8 9)是偶置换,(1 4 5)(2 7 3 6)是奇置换.

若 σ 和 τ 都是偶置换,则都可写成偶数个对换之积,所以,$\sigma\tau$ 也可写成偶数个对换之积,这说明偶置换

的乘积仍是偶置换. 若 σ 是偶置换, 它可表示成偶数个对换之积

$$\sigma = \tau_1 \tau_2 \cdots \tau_{2n-1} \tau_{2n}$$

易见, 任一对换 $\tau = (ij)$ 之逆 $\tau^{-1} = \tau$, 且由

$$(\tau_1 \tau_2)(\tau_2^{-1} \tau_1^{-1}) = \tau_1(\tau_2 \tau_2^{-1})\tau_1^{-1} = \tau_1 \tau_1^{-1} = (1)$$

知 $(\tau_1 \tau_2)^{-1} = \tau_2^{-1} \tau_1^{-1}$, 所以

$$\sigma^{-1} = \tau_{2n}^{-1} \tau_{2n-1}^{-1} \cdots \tau_2^{-1} \tau_1^{-1}$$

仍是偶数个对换之积. 这说明偶置换的逆元仍是偶置换. 恒等变换 $(1) = (1\,2)(1\,2)$ 当然是偶置换. 所以, 当 $n \geq 2$ 时, S_n 中偶置换全体成群, 记为 A_n, 称为 n 次交错群.

§4 子群与拉格朗日定理

在上一节中已经证明了 S_n 和 A_n 关于变换的乘法都成群. 但作为集合来说有包含关系 $A_n \subseteq S_n$, 我们可说 A_n 是 S_n 的子群. 子群的一般定义如下.

定义 4.1 设 $(G, \cdot)$ 是群, H 是 G 的非空子集合. 若 H 关于 G 中的运算 "$\cdot$" 也成群, 则称 H 是 G 的子群, 记为 $H \leq G$.

在集合论中, $H \subseteq G$ 表示 H 是 G 的子集合; 在群论中, $H \leq G$ 表示 H 是 G 的子群 (当然, H 首先是 G 的子集合). 关于这两个记号在含义上的区别, 以后我们就不再说明了.

第 2 章 群的基本知识

任意一个群 G 至少有两个子群:一个是仅由单位元 e 所成的群 $\{e\}$,称为单位元群;另一个就是 G 本身,它也可看成是 G 的子群. 这两个子群称为 G 的平凡子群. 不是平凡子群的子群称为真子群. 例如,A_n 是 S_n 的真子群,偶数加群是整数加群的真子群,等等.

设 H 是群 G 的子群. 根据定义,这只不过说明 H 中有单位元 e',且对 H 中的任一元素 a,在 H 中必有逆元 a' 满足 $aa'=a'a=e'$. 那么我们自然要问:这个 e' 与 G 中的单位元 e 是否一致呢? 又若 $a\in H$, a 当然也是 G 中的元素,a 在 H 中的逆元 a' 是否就是 a 在 G 中的逆元 a^{-1} 呢? 可以证明,回答都是肯定的,即有如下引理.

引理 4.1 设 H 是群 G 的子群,则 H 中的单位元 e' 就是 G 中的单位元 e. 任一 $a\in H$,在 H 中的逆元 a' 就是在 G 中的逆元 a^{-1}.

证 因为 e 是 G 中的单位元,所以 $ee'=e'$. 因为 e' 是 H 中的单位元,又有 $e'e'=e'$,于是 $ee'=e'e'$. 再右乘 e' 在 G 中的逆元 e'^{-1} 得 $ee'e'^{-1}=e'e'e'^{-1}$,$ee=e'e$. 但 e 是 G 中的单位元,故有 $e=e'$. 进一步,由逆元的定义知 $aa'=e'=e=aa^{-1}$,再左乘 a 在 G 中的逆元,即得 $a'=a^{-1}$.

定理 4.1 设 H 是群 G 的非空子集,则 H 是 G 的子群 $\Leftrightarrow$ ①:

(1) 对任意 $a,b\in H$,有 $ab\in H$;

---

① 记号"$\Leftrightarrow$"表示充分必要条件,也就是"当且仅当"的意思.

(2) 对任意 $a \in H$,有 $a^{-1} \in H$.

证 必要性. 设 H 是 G 的子群. 由 H 是群知封闭性条件(1)满足. 任取 $a \in H$. 据引理知, a 在 G 中的逆元 a^{-1} 就是 a 在 H 中的逆元, 既然 H 是群, 当然, $a^{-1} \in H$,条件(2)满足.

充分性. 设 H 满足条件(1)和(2), 要证 H 是群. 条件(1)就是封闭性. 因为 $H \subseteq G$, G 中的元素满足结合律, H 中的元素当然也满足结合律. 设 e 是 G 中的单位元. 任取 $a \in H$. 由条件(2)知, a 在 G 中的逆元 $a^{-1} \in H$, 再由条件(1)知, $aa^{-1} = e \in H$, 所以这个 e 也是 H 的单位元. 最后, 由条件(2)知, 任一 $a \in H$ 必有逆元 $a^{-1} \in H$. 于是 H 成群, 因而就是 G 的子群.

这是一个很实用的判别准则. 要证明某群 G 的子集 H 是子群, 只要验证这两个条件满足, 而不必一一验证群的定义中的四个条件.

关于群与子群之间的关系有一个非常重要的定理——拉格朗日定理. 尽管拉格朗日逝世时, 作为群论创始人的伽罗瓦才两岁, 但拉格朗日早就有把集合划分的思想, 所以后人把这个定理用他的名字来命名.

与子群密切相关的概念是陪集, 我们先要把它讲清楚. 设 H 是 G 的子群. 任取 $a \in G$, 记

$$aH = \{ah \mid h \in H\}$$

它是由 a 左乘 H 中每一个元素所得的集合, 这个集合称为 H 在 G 中的一个左陪集. 据 $e \in H$ 知, $a = ae \in aH$, 所以由 a 确定的左陪集 aH 包含 a. 同理, 对任一 $a \in G$, 可定义 H 在 G 中的一个右陪集为

第2章 群的基本知识

$$Ha = \{ha \mid h \in H\}$$

也有 $a = ea \in Ha$. 这两个陪集都由一个元素 a 确定. 当然,不同的元素可以确定同一个左(右)陪集. 进一步可证,对 $a,b \in G$ 有

$$aH = bH \Leftrightarrow b^{-1}a \in H \quad (1)$$

$$Ha = Hb \Leftrightarrow ba^{-1} \in H \quad (2)$$

事实上,若 $aH = bH$,则对任一 $h \in H$,必存在 $h' \in H$ 使 $ah = bh'$(注意,未必有 $h = h'$),两边同时左乘 b^{-1} 和右乘 h^{-1},得 $b^{-1}a = h'h^{-1} \in H$(因为 H 是群). 反之,设 $b^{-1}a = h \in H$,则 $a = bh$,$aH = bhH = bH$(因为 $h \in H$ 而 H 是群,所以 $hH = H$),于是式(1)成立. 同理,可证式(2)成立.

设 H 为 G 的一个子群,那么 H 在 G 中有多少个不同的陪集呢?

定理 4.2(拉格朗日) 设 G 是 n 阶群,H 是 G 的 m 阶子群,则 m 必整除 n. 所得商数 $\dfrac{n}{m}$ 称为 H 在 G 中的指数,记为 $[G:H] = \dfrac{n}{m}$.

证 设 $H = \{a_1, a_2, \cdots, a_m\}$. 任取 $a \in G$. 考虑左陪集

$$aH = \{aa_1, aa_2, \cdots, aa_m\}$$

因为在群 G 中消去律成立,所以在 aH 中的各个 aa_i 也互不相同,故对任何 $a \in G$ 都有

$$|aH| = |H| = m$$

进一步,若存在某个 $x \in aH \cap bH$,则存在 $h_1, h_2 \in H$ 使

$$x = ah_1 = bh_2, \quad b^{-1}a = h_2 h_1^{-1} \in H$$

由式(1)即得 $aH = bH$. 上述事实说明,群 G 中的 n 个元素可划分成两两不相交的左陪集之并,每个左陪集都含 m 个元素. 因此,m 必是 n 的因数,且指数 $[G:H]$ 恰是 H 在 G 中的左陪集个数.

用完全同样的方法可证,G 中 n 个元素可划分成两两不相交的右陪集之并,每个右陪集都含 m 个元素,因此,指数 $[G:H]$ 也是 H 在 G 中的右陪集个数. 由此可知 H 在 G 中的左陪集个数与右陪集个数相同.

定理 4.3 设 $K \leqslant H \leqslant G$ 是三个群,且 G 是有限群,则有指数公式
$$[G:K] = [G:H][H:K]$$

证 由定理 4.2 即得
$$[G:K] = \frac{|G|}{|K|} = \frac{|G|}{|H|} \cdot \frac{|H|}{|K|} = [G:H][H:K]$$

§5 循 环 群

前面已经说过,有限群的阶指的是它所含元素的个数. 我们再介绍群中元素的阶这一概念. 任一群必有单位元 e. 在整数加群 $\mathbf{Z}$ 中,0 是单位元. 任何一个非零整数 a 的任意整数倍 na 一定不是 0,除非 $n = 0$. 但是,并不是任何群都是如此的. 例如,钟面上的 12 个钟点数关于加法成群. 因为规定了 12 点是 0 点,所以凡是

第 2 章 群的基本知识

12 的倍数都是 0 点. 这个群我们记为①

$$\mathbf{Z}/\langle 12\rangle = \{0,1,2,3,4,5,6,7,8,9,10,11\}$$

0 是单位元,2 的逆元是 10,等等. 在这个群中,把 1 相加 12 次得 0,把 2 相加 6 次得 0,对于 5 要相加 12 次才是 0. 我们就说,1 是 12 阶元,2 是 6 阶元,5 也是 12 阶元. 再考虑由所有 2 阶实可逆阵组成的乘法群 $GL_2(\mathbf{R})$. 单位元是单位阵 $\begin{pmatrix}1&0\\0&1\end{pmatrix}$. 对于 $\begin{pmatrix}1&1\\0&1\end{pmatrix}$ 来说,不管自乘多少次都不会等于 $\begin{pmatrix}1&0\\0&1\end{pmatrix}$. 但是,把 $\begin{pmatrix}0&1\\1&0\end{pmatrix}$ 自乘 2 次就得到 $\begin{pmatrix}1&0\\0&1\end{pmatrix}$. 把 $\begin{pmatrix}0&1\\-1&-1\end{pmatrix}$ 自乘 3 次也得到 $\begin{pmatrix}1&0\\0&1\end{pmatrix}$. 我们说,$\begin{pmatrix}0&1\\1&0\end{pmatrix}$ 和 $\begin{pmatrix}0&1\\-1&-1\end{pmatrix}$ 分别是 $GL_2(\mathbf{R})$ 中的 2 阶元和 3 阶元. 一般地,若 G 是群,e 是单位元,对任一自然数 n 规定

$$a^n = \underbrace{a\,a\cdots a}_{n 次},\ a^0 = e,\ a^{-n} = (a^{-1})^n$$

则可验证指数幂法则成立:对任意整数 m 和 n 有

$$a^n a^m = a^{n+m},\ (a^n)^m = a^{nm}$$

若群 G 的运算是加法,则指数幂法则就成为倍数法则

$$na = \underbrace{a+a+\cdots+a}_{n 次},\ 0\cdot a = 0,\ (-n)a = -(na)$$

$$na + ma = (n+m)a,\ m(na) = (mn)a$$

在 $0\cdot a = 0$ 中第一个 0 是整数零,第二个 0 是加群中的单位元. 对 $a\in G$,使 $a^n = e$ 成立的最小自然数 n 称

---

① 关于 $\mathbf{Z}/\langle n\rangle$ 的一般定义见 §6.

为 a 的阶,并称 a 是有限阶元. 若只有当 $n=0$ 时才有 $a^n=e$, 则称 a 是无限阶元. 易见,单位元本身必是 1 阶元. 对于加法群来说, $a^n=e$ 指的是 $na=0$. 整数加群中任一非零数都是无限阶元. 在 $GL_2(\mathbf{R})$ 中, $\begin{pmatrix}1 & 0\\0 & -1\end{pmatrix}$ 是 2 阶元, $\begin{pmatrix}0 & 1\\-1 & 0\end{pmatrix}$ 是 4 阶元, $\begin{pmatrix}1 & 1\\0 & 1\end{pmatrix}$ 是无限阶元. 关于元素的阶有一个常用性质需要证明,即若 a 是 n 阶元,则 $a^n=e, a^{2n}=(a^n)^2=e^2=e,\cdots$,对任意整数 p 必有 $a^{pn}=(a^n)^p=e$. 反过来,若某一个整数 m 使 $a^m=e$,则可证必有 $n\mid m$(这个记号表示 n 整除 m). 事实上,用整数的带余除法可得 $m=pn+r$,这里 p 和 r 都是整数,且 $0\leqslant r<n$, 则 $e=a^m=(a^n)^p a^r=a^r$, 但 n 是使 $a^n=e$ 成立的最小自然数,于是由 $0\leqslant r<n$ 知必有 $r=0$, 故 $m=pn$. 此外,运用拉格朗日定理还可证明一个有趣而且重要的结论:任一有限群 G 中的任一元素 a 必是有限阶元,而且 a 的阶必整除 G 的阶. 事实上,如果 a 是无限阶元,则由封闭性知, G 中必包含以下无限个元素

$$\cdots, a^{-3}, a^{-2}, a^{-1}, e, a, a^2, a^3, \cdots$$

这与 G 是有限群的假设矛盾,所以 a 是有限阶元. 设 a 的阶是 n, 则 $H=\{e, a, a^2, \cdots, a^{n-1}\}$ 就是 G 的 n 阶子群,于是据拉格朗日定理知 n 整除 G 的阶.

设 G 是群. 若对任意 $a,b\in G$ 都有 $ab=ba$, 则称 G 是交换群. 4 次对称群 S_4 不是交换群,因为

$(1\ 2)(1\ 3)=(1\ 2\ 3), (1\ 3)(1\ 2)=(1\ 3\ 2)$

在 S_4 中取出以下 4 个元素

$(1),(1\ 2)(3\ 4),(1\ 3)(2\ 4),(1\ 4)(2\ 3)$

容易验证它们组成 S_4 的一个子群,而且是交换群. 这个群比较重要,我们特地给它取了一个名称,称为克莱因(Klein)四元群,记为

$K_4 = \{(1),(1\ 2)(3\ 4),(1\ 3)(2\ 4),(1\ 4)(2\ 3)\}$

我们再把范围缩小一些,考虑一种特殊的交换群——循环群,它在伽罗瓦理论中起着重要的作用,人们把它的结构已经完全搞清楚了. 我们还是从整数加群 $\mathbf{Z}$ 谈起吧. 因为 $1 \in \mathbf{Z}$, $-1 \in \mathbf{Z}$, 任一整数 n 都是 1 或 -1 的正倍数,例如,$5 = 5 \times 1, 0 = 0 \times 1, -6 = 6 \times (-1)$,所以只要从 1 出发,先得到逆元 -1,然后对 1 或 -1 做适当多次的加法就可得到任一整数. 我们就说整数加群 $\mathbf{Z}$ 是由一个数 1 生成的循环群,并用符号 $\langle 1 \rangle$ 表示,即 $\mathbf{Z} = \langle 1 \rangle$. 这里,尖括号表示用群的加法运算生成,包括求逆元和逆元相加. 尖括号中的元素 1 称为此循环群的一个生成元. 用同样的方法可证 $\mathbf{Z} = \langle -1 \rangle$. 因此,同一个循环群的生成元不是唯一的.

循环群的一般定义如下.

定义 5.1 若群 G 中的每个元素都是 G 中某个固定元素 a 的整数方幂 a^n,则称 G 是由 a 生成的循环群,记为 $G = \langle a \rangle$,此时,称 a 是 G 的一个生成元. 由无限阶元生成的循环群称为无限循环群,否则,称为有限阶循环群.

当然,这里所说的整数方幂是对乘法运算而言的. 如果是加法运算,那就是整数倍数 na. 根据这个定义,如果循环群 $G = \langle a \rangle$ 的阶是 n,那么 G 中恰有 n 个元

素,作为生成元的 a 必定是一个 n 阶元. 反之, n 阶循环群中的任一 n 阶元必能生成 n 个互异元,所以它必是生成元. 特别地,若 p 是素数, G 是 p 阶群,据拉格朗日定理, G 中任一非单位元素 a 的阶必整除 p, 但 p 是素数, a 必是 p 阶元, 所以素数阶群必是循环群. 它是交换群,没有真子群,而且任一非单位元都是生成元. 这说明素数 p 阶群必有 $p-1$ 个生成元. 容易看出,无限循环群 $\langle a \rangle$ 有且仅有两个生成元 a 和 a^{-1}. 介于这两种极端情况之间,我们可以证明,在任一 n 阶循环群 $\langle a \rangle$ 中,某个元素 a^k 是生成元当且仅当 k 与 n 互素: $(k,n)=1$ (即 k 和 n 的最高公因数是 1). 为此,只要证明 a^k 是 n 阶元当且仅当 $(k,n)=1$. 设 $(k,n)=1$, a^k 的阶是 r, 则 $a^{kr}=e$. 但 a 的阶是 n, 必有 $n \mid kr$. 再由 $(k,n)=1$, 知 $n \mid r$. 另一方面, 根据拉格朗日定理知, a^k 的阶 r 必整除群的阶 n, 即 $r \mid n$. 由于 r 和 n 都是自然数, 故必有 $r=n$, 即 a^k 是 n 阶元. 反之, 设 $(k,n)=d \neq 1$, 可设 $k=dk', n=dn'$, 必有 $k'<k, n'<n$, 于是, 由 $a^{kn'}=a^{dk'n'}=(a^n)^{k'}=e$ 知, a^k 的阶不会超过 n', 所以它不是 n 阶元. 这样, 我们就证明了 n 阶循环群中生成元的个数恰好就是不超过 n 且与 n 互素的自然数个数, 这个数通常用 $\varphi(n)$ 表示①, 称为欧拉函数. 特别地, 对素数 p, 有 $\varphi(p)=p-1$. 例如, 4 阶循环乘群 $\{1, \sqrt{-1}, -1,$

---

① 设自然数 n 的素数分解式为 $n=q_1^{l_1} q_2^{l_2} \cdots q_s^{l_s}$, 则 $\varphi(n) = n \cdot \prod_{i=1}^{s}(1-\frac{1}{q_i})$.

$-\sqrt{-1}$ 有两个生成元：$\sqrt{-1}$ 和 $-\sqrt{-1}$，$\varphi(4)=2$. 12 阶循环加群 $\mathbf{Z}/\langle 12\rangle$ 的生成元为 $1,5,7,11$，$\varphi(12)=4$. 7 阶循环加群 $\mathbf{Z}/\langle 7\rangle$ 的生成元有 6 个：$1,2,3,4,5,6$，$\varphi(7)=6$.

关于循环群，我们还要介绍另一个重要的结果.

定理 5.1 设 $G=\langle a\rangle$ 是循环群（有限或无限），则 G 的任一子群 H 必是循环群 $\langle a^m\rangle$，这里 m 是某个整数. 特别地，若 $|G|=n$，则 m 必整除 n，且 $\langle a^m\rangle$ 是 G 唯一的 $\dfrac{n}{m}$ 阶子群.

证 若 $H=\{e\}$，则一切结论自然成立. 设 $H\neq\{e\}$. 取出 H 中具有最小自然数方幂的元素 a^m，它是唯一确定的，这只要考察 $a,a^2,a^3,\cdots$，其中第一个落入 H 中的元素 a^m 即为所求. 任取 $a^l\in H$. 由整数的带余除法，可设 $l=pm+r$，p 和 r 是整数，且 $0\leqslant r<m$，则有 $a^l=(a^m)^p\cdot a^r$，但已知 $a^l,a^m\in H$，H 是群，所以必有
$$a^r=((a^m)^p)^{-1}a^l\in H$$
再据 m 的"最小性"知 $r=0$，故 $a^l=(a^m)^p$. 这说明 H 中任一元素都是 a^m 的方幂，所以 $H=\langle a^m\rangle$.

如果 $\langle a\rangle$ 是无限循环群，那么 $\langle a\rangle$ 中不存在有限阶元，所以 $\langle a^m\rangle$ 也是无限循环群. 如果 $\langle a\rangle$ 是 n 阶循环群，
$$\langle a\rangle=\{e,a,a^2,\cdots,a^{n-1}\},\ a^n=e$$
$H=\langle a^m\rangle$ 是它的某个子群. 设 $n=pm+r$，$0\leqslant r<m$，则 $e=a^n=(a^m)^p\cdot a^r$. 因为 $a^m\in H$，所以 $a^r\in H$. 由 m 的"最小性"知 $r=0$，即 $n=pm$，所以必有 $m\mid n$，而且
$$H=\langle a^m\rangle=\{e,a^m,a^{2m},\cdots,a^{(p-1)m}\}$$

是$\langle a \rangle$的$p = \dfrac{n}{m}$阶子群. 现再证对确定的$p = \dfrac{n}{m}$来说, $\langle a \rangle$的p阶子群是唯一的. 设K是$\langle a \rangle$的任一p阶子群, 这里$p = \dfrac{n}{m}$. 根据上面证得的结论, 这个子群必是某个$\langle a^{m'} \rangle$, m'整除n. 可设$n = p'm'$, 且
$$K = \langle a^{m'} \rangle = \{e, a^{m'}, a^{2m'}, \cdots, a^{(p'-1)m'}\}$$
但它显然是p'阶群, 所以必有$p' = p$. 再由$n = pm = p'm'$知$m' = m$, 所以这个K就是$\langle a^m \rangle$, 这里$m = \dfrac{n}{p}$.

例如, 设$\langle a \rangle$是12阶循环群, $a^{12} = e$. 因为3是12的一个因子, 所以存在唯一的4阶子群
$$\langle a^3 \rangle = \{e, a^3, a^6, a^9\}$$
又如, 在n次对称群S_n中, 任取一个n-轮换σ, 不妨以$\sigma = (1\ 2\ 3\ \cdots\ n)$为例. 由计算可知$\sigma$是$n$阶元, 所以
$$\langle \sigma \rangle = \{(1), \sigma, \sigma^2, \cdots, \sigma^{n-1}\}$$
是S_n的一个n阶循环子群. 反过来, S_n的任一n阶循环子群H, 必由一个n阶元σ生成. 但是, 这个σ未必是某个n-轮换$\sigma = (i_1\ i_2 \cdots i_n)$. 例如, 在$S_{12}$中, $\sigma = (1\ 2\ 3)(4\ 5\ 6\ 7)$是一个12阶元, 它生成一个12阶循环子群$\langle \sigma \rangle$, 但$\sigma$却不是一个12-轮换.

第 2 章 群的基本知识

§6 正规子群与商群

在群论中还有一个重要内容,就是如何把一个较大的群变为较小的群,或把结构较复杂的群变为较简单的群. 为此,我们要引入群的正规子群和商群的概念,也就是要考虑两个群怎样相除! 我们先举一个最简单的例子. 考虑整数加群 $\mathbf{Z}$, 显然, 偶数加群 E 是它的子群. 如果我们只关心某整数是奇数还是偶数, 而并不关心它的确切数值, 那么可以认为偶数之间并无差别, 可用符号 0 表示; 奇数之间也无差别, 可用 1 表示. 因为偶数加奇数是奇数, 两个偶数之和以及两个奇数之和都是偶数, 所以在由此产生的两元集合 $\{0,1\}$ 上可规定一种运算: $0+0=0, 1+1=0, 0+1=1+0=1$. 易见, 它是一个 2 阶加群, 可以把它看成是 $\mathbf{Z}$ 除以 E 所得的商群, 这个群很小而且结构非常简单. 遗憾的是, 并不是任意两个群都可以相除, 能够用来除别的群的那个群必须是前者的正规子群——这是一种满足某个特定条件的子群. 因为在讨论可解群时, 正规子群是必不可少的概念, 所以我们要先将它介绍一下.

设 G 是群, H 是 G 的子群. 任取 $h \in H, g \in G$. 因为 G 不一定是交换群, 所以 $g^{-1}hg$ 未必等于 h, 它甚至未必属于 H. 例如, 考虑 S_3 的子群 $H = \{(1),(1\ 2)\}$. 取 $(1\ 3) \in S_3$, 得到 $(1\ 3)^{-1}(1\ 2)(1\ 3) = (2\ 3)$, 它不属

于 H.

定义 6.1 设 H 是群 G 的子群. 若对任意 $h \in H$, $g \in G$, 必有 $g^{-1}hg \in H$, 则称 H 是 G 的正规子群, 记为 $H \triangleleft G$, 也可记为 $G \triangleright H$.

注意, 这里横着放的等腰三角形具有方向性, 它的顶角总指向子群. 显然, 交换群的任一子群必是正规子群.

设 H 是群 G 的任一子群. 任意取定某个 $g \in G$. 考虑 G 的如下子集

$$\overline{H} = \{g^{-1}hg \mid h \in H\}$$

我们把它记作 $g^{-1}Hg$, 这是一个集合记号. 应用判别子群的定理 4.1, 可以验证 $\overline{H}$ 也是 G 的子群, 称为 H 在 G 中的一个共轭子群. 对 $h \in H, g \in G$, 元素 $g^{-1}hg$ 称为 h 在 G 中的一个共轭元. 事实上, 对 $g^{-1}h_1g, g^{-1}h_2g \in \overline{H}$, 有

$$(g^{-1}h_1g)(g^{-1}h_2g) = g^{-1}(h_1h_2)g \in \overline{H}$$

$$(g^{-1}h_1g)^{-1} = g^{-1}h_1^{-1}g \in \overline{H}$$

特别地, 如果 H 是 G 的正规子群, 一方面, 由正规子群的定义立刻得到 $\overline{H} \subseteq H$; 另一方面, 任取 $h \in H$, 仍由正规子群的定义知

$$ghg^{-1} = (g^{-1})^{-1}hg^{-1} = h_1 \in H$$

所以, $h = g^{-1}h_1g \in \overline{H}$, 这又说明 $H \subseteq \overline{H}$, 于是 $\overline{H} = H$, 即 $g^{-1}Hg = H, \forall g \in G$. 这说明 G 的任一正规子群 H 的任一共轭子群必是 H 本身, 所以正规子群又称为自共轭

子群. 反之,若 H 是 G 的某个子群,且对任意 $g \in G$ 都有 $g^{-1}Hg = H$,则对任一 $h \in H, g \in G$,必有 $g^{-1}hg \in H$,所以 H 必是 G 的正规子群. 于是得到正规子群的第一个性质:

(1) 群 G 的子群 H 是正规子群 $\Leftrightarrow g^{-1}Hg = H$, $\forall g \in G$.

根据集合相等的定义不难证明, $g^{-1}Hg = H \Leftrightarrow Hg = gH$,即包含 g 的右陪集与左陪集相同,所以得到正规子群的又一性质:

(2) 群 G 的子群 H 是正规子群 $\Leftrightarrow Hg = gH$, $\forall g \in G$.

这就是说,对于正规子群的陪集来说,根本不必区分左陪集和右陪集,可以统称为陪集. 利用这个事实我们还可证明正规子群的第三个性质:

(3) G 的指数为 2 的子群 H 必是正规子群.

事实上,根据指数的定义可知,集合 G 既是仅有的两个左陪集 H 与 $gH(g \notin H)$ 的并集,又是仅有的两个右陪集 H 和 Hg 的并集,且 H 与 gH 不相交, H 与 Hg 也不相交, $gH \neq H$,所以必有 $gH = Hg$. 这个等式对任意 $g \in H$ 都成立,所以 H 是 G 的正规子群.

我们要强调指出,正规性没有传递性. 确切地说,就是:

(4) 若 $H \leqslant K \leqslant G$ 是三个群. 若 $H \triangleleft G$,则 $H \triangleleft K$,但未必有 $K \triangleleft G$. 若 $H \triangleleft K, K \triangleleft G$,则未必有 $H \triangleleft G$. 事实上,因为 $H \triangleleft G$,所以对任何 $h \in H$ 和 $g \in G$ 必有 $g^{-1}hg \in H$,而 $K \subseteq G$,当然,对任一 $k \in K$ 有 $k^{-1}hk \in H$,

所以 $H \triangleleft K$. 要说明正规性没有传递性,只要举出一个反例就足够了. 例如,考虑 4 次交错群 A_4 的如下两个子群

$$K_4 = \{(1),(1\ 2)(3\ 4),(1\ 3)(2\ 4),(1\ 4)(2\ 3)\}$$
$$H = \{(1),(1\ 2)(3\ 4)\}$$

因为 $[K_4:H] = 2$,所以 $H \triangleleft K_4$. 可以验证

$$A_4 = \{K_4,(1\ 2\ 3),(1\ 2\ 4),(1\ 3\ 4),(2\ 3\ 4),$$
$$(1\ 3\ 2),(1\ 4\ 2),(1\ 4\ 3),(2\ 4\ 3)\}$$

中任一元素确定的 K_4 的左、右陪集都是相同的,例如
$$(1\ 2\ 3) \cdot K_4 = \{(1\ 2\ 3),(2\ 4\ 3),(1\ 4\ 2),(1\ 3\ 4)\}$$
$$= K_4 \cdot (1\ 2\ 3)$$

等等,所以 $K_4 \triangleleft A_4$. 但是由

$$(1\ 2\ 3) \cdot H = \{(1\ 2\ 3),(2\ 4\ 3)\}$$
$$H \cdot (1\ 2\ 3) = \{(1\ 2\ 3),(1\ 3\ 4)\}$$

不相等知,H 不是 A_4 的正规子群.

现在我们将要说明,对于群的正规子群可以做除法.

设 N 是群 G 的正规子群,把 N 在 G 中的陪集全体记为
$$G/N = \{aN \mid a \in G\}$$

注意,集合 G/N 的元素是陪集,也即 G/N 是由若干个集合所组成的集合. 在 G/N 中规定如下运算
$$(aN)(bN) = abN, \forall a,b \in G$$

说到这里,必须要弄清楚一件事. 我们所说的运算必须是单值运算,即对于任意两个确定的元素,其运算结果只能有一个,正如 $1 + 2 = 3$ 而不能是其他任何数一样.

第 2 章　群的基本知识

但是现在的运算对象是一些集合,而且存在不同的元素 a 和 a' 使 $aN = a'N$,这只要保证 $a^{-1}a' \in N$ 就可以了. 同理,也存在不同的 b 和 b' 使 $bN = b'N$. 于是根据 G/N 中乘法的定义又有

$$(aN)(bN) = (a'N)(b'N) = a'b'N$$

那么自然要问,是否必有 $abN = a'b'N$ 呢?其回答是,只要 N 是 G 的正规子群,上述等式必定成立①. 事实上,据 $aN = a'N, bN = b'N$,可设 $a' = ah_1, b' = bh_2, h_1, h_2 \in N$,所以 $a'b' = ah_1 bh_2$. 但由 $Nb = bN$ 可知对这个 $h_1 \in N$,必存在 $h_3 \in N$ 使 $h_1 b = bh_3$,所以 $a'b' = abh_3 h_2 \in abN$. 这说明 abN 和 $a'b'N$ 含有公共元素 $a'b'$,所以必有 $abN = a'b'N$. 现在可以得到如下定理.

定理 6.1　设 N 是群 G 的正规子群,则

$$G/N = \{aN \mid a \in G\}$$

关于由 $(aN)(bN) = abN$ 定义的乘法成群,称为 G 模 N 的**商群**. 特别当 G 是有限群时,商群的阶

$$|G/N| = [G:N] = |G|/|N|$$

证　逐一验证 G/N 成群的四个条件:

(1) 封闭性:由 $ab \in G$ 知 $(aN)(bN) = abN \in G/N$.

(2) 结合律:由 $(ab)c = a(bc)$ 知

$$((aN)(bN))(cN) = (abN)(cN) = (ab)cN$$

与

$$(aN)((bN)(cN)) = (aN)(bcN) = a(bc)N$$

---

① 进一步可证,若 N 不是 G 的正规子群,则此等式一定不成立,所以 N 的正规性仅仅用来保证陪集乘法的单值性.

两者相等.

(3) N 是 G/N 中的单位元. 事实上, 利用 $N = eN$ 知
$$N(aN) = (ea)N = aN$$
$$(aN)N = (ae)N = aN$$
对任一 $a \in G$ 成立, 这里 e 是群 G 的单位元.

(4) aN 在 G/N 中的逆元是 $a^{-1}N$. 事实上, 有
$$(aN)(a^{-1}N) = (aa^{-1})N = N$$
$$(a^{-1}N)(aN) = (a^{-1}a)N = N$$

所以 G/N 成群. 若 G 是有限群, 则 N 在 G 中的陪集个数就是指数 $[G:N]$, 所以 $|G/N| = |G|/|N|$.

例如, 整数加群 **Z** 是交换群, 它的任一子群必是正规子群, 偶数加群 E 在 **Z** 中的陪集只有两个, 一个就是 E, 它是偶数全体, 另一个就是 $a + E$, 这里 a 是任一奇数, $a + E$ 就是奇数全体, 所以 **Z** 模 E 的商群是 2 阶加群, 记为 **Z**$/\langle 2 \rangle = \{0, 1\}$, $2 = 0$, 这里 $\langle 2 \rangle$ 是由 2 生成的循环加群, 也即偶数加群 E. 凡是被 3 整除的整数全体也是 **Z** 的子群, 它就是由 3 生成的循环加群 $\langle 3 \rangle$. **Z** 模 $\langle 3 \rangle$ 的商群就是 3 阶加群 **Z**$/\langle 3 \rangle = \{0, 1, 2\}$, 这里规定 $1 + 2 = 0$, $2 + 2 = 1$. 一般地, 对任意取定的自然数 n, 凡被 n 整除的整数全体成 **Z** 的子群 $\langle n \rangle$, 它是 n 阶循环加群, **Z** 模 $\langle n \rangle$ 的商群就是 n 阶加群
$$\mathbf{Z}/\langle n \rangle = \{0, 1, 2, \cdots, n-1\}$$
这里规定, 加到 n 时就得 0. 例如, 钟面上的钟点数成加法群 **Z**$/\langle 12 \rangle$, 每周中的 7 天成群 **Z**$/\langle 7 \rangle$, 它们都是商群.

在这里还可发现一个有趣的事实:对于无限循环群 $\mathbf{Z}=\langle 1\rangle$,前面已证明它的子群必是无限循环群 $\langle n\rangle$,n 是这个子群中的最小自然数. 现在则发现 $\mathbf{Z}/\langle n\rangle$ 是 n 阶循环群! 实际上,这对任何循环群都是成立的.

定理 6.2 设 $G=\langle a\rangle$ 是任一循环群. $N=\langle a^m\rangle$ 是 G 的子群,m 是 N 中元素的最小自然数方幂,则 G/N 必是 m 阶循环群 $\langle aN\rangle$.

证 首先证明,由 G 的生成元 a 所确定的陪集 aN 恰是 m 阶元. 事实上,由 $a^m\in N$,知 $(aN)^m=a^mN=N$,而 N 是 G/N 的单位元. 对任一满足于 $1\leqslant m'<m$ 的 m',有 $(aN)^{m'}=a^{m'}N\neq N$. 因为否则的话,必有 $a^{m'}\in N$,与 m 的最小性矛盾. 所以 aN 恰是群 G/N 中的 m 阶元. 其次,任取 $gN\in G/N$. 因为 $G=\langle a\rangle$,可设 $g=a^l$,l 是某一整数. 设 $l=pm+r$,$0\leqslant r<m$,则
$$gN = a^lN = (aN)^l = (aN)^{mp}\cdot(aN)^r$$
$$= N(aN)^r = (aN)^r$$
这说明 gN 可表示成 aN 的方幂,所以 $G/N=\langle aN\rangle$ 为 m 阶循环群.

把这个定理应用到 $\mathbf{Z}$ 上(运算要换成加法),就可得知 $\mathbf{Z}/\langle n\rangle$ 是 n 阶循环群.

§7 同态与同构

在§2的开头,我们曾经提到过,人们将群论作为一种工具,采用抽象的观点和逻辑推理的方法,可以统一处理一些代数系统. 这些代数系统在形式上可以完全不同,但从群论观点来看,却没有结构上的差别. 这就是同构的概念,其含义就是有相同的代数结构. 我们还是举一个实例来说明问题吧! 实数加群($\mathbf{R}$, +)和正实数乘法群($\mathbf{R}_+$, ·)是不同的两个群. 若我们取定某个正实数 $a \neq 1$, 则利用对数性质知,对任意两个正实数 r_1 和 r_2, 有等式

$$\log_a r_1 r_2 = \log_a r_1 + \log_a r_2$$

这就是说,若要计算两个正实数的乘积,可先算出它们的对数之和,再用反对数表查出乘积值. 换句话说,可把正实数的乘法化为实数的加法. 这件事暗示我们,在群($\mathbf{R}_+$, ·)与($\mathbf{R}$, +)之间必定有着某种本质上的联系,这个联系就是($\mathbf{R}_+$, ·)到($\mathbf{R}$, +)的取对数映射: $r^\varphi = \log_a r$, 它有性质

$$(r_1 r_2)^\varphi = r_1^\varphi + r_2^\varphi$$

即乘积的对数等于对数之和. 现在我们就来讨论具有这种性质的映射.

设 G 和 $\overline{G}$ 是两个群,各有各的运算,为了书写简洁起见,干脆都不明显写出. G 中的元素用 $a, b, \cdots$ 表

第2章 群的基本知识

示,$\overline{G}$ 中的元素用 $\overline{a},\overline{b},\cdots$ 表示,ab 表示按 G 中的运算求值,$\overline{a}\,\overline{b}$ 表示按 $\overline{G}$ 中的运算求值.

定义 7.1 设 φ 是群 G 到群 $\overline{G}$ 的映射. 若它满足条件
$$(ab)^{\varphi}=a^{\varphi}b^{\varphi},\ \forall\, a,b\in G$$
则称 φ 是 G 到 $\overline{G}$ 的同态映射. 若同态映射 φ 又是单射,则称为同构映射.

上述这一条件常被说成 φ 保持群的运算. 无论是同态映射还是同构映射,都未必是满射. 如果在群 G 和 $\overline{G}$ 之间至少存在一个 G 到 $\overline{G}$ 的同态满射(或同构满射),则称 G 和 $\overline{G}$ 是同态的(或同构的),记为 $G\stackrel{\varphi}{\sim}\overline{G}$(或 $G\stackrel{\varphi}{\cong}\overline{G}$). 有时并不需要把 φ 明显写出,就写成 $G\sim\overline{G}$(或 $G\cong\overline{G}$). 例如,$(\mathbf{R}_+,\cdot)\cong(\mathbf{R},+)$,其中同构映射可取为 $\varphi:r\to\log_a r$,a 是某个取定的不等于 1 的正实数.

一般说来,若 $G\sim\overline{G}$,则未必有 $\overline{G}\sim G$. 例如,G 是元素个数大于或等于 2 的任意一群,$\overline{G}$ 是某个单位元群 $\{\overline{e}\}$,则 $\varphi:a\to\overline{e}$,$\forall\, a\in G$ 显然是 G 到 $\overline{G}$ 的同态满射,然而由 $|G|\geqslant 2$ 知,不存在 $\overline{G}$ 到 G 的同态满射(单值性!),所以同态关系是单方向、不可逆的."两个同态的群"这句话的含义是不确切的. 若 $G\stackrel{\varphi}{\cong}\overline{G}$,则 φ 是 G 到 $\overline{G}$ 的双射,对任一 $\overline{a}\in\overline{G}$,必存在唯一的 $a\in G$ 使 $a^{\varphi}=\overline{a}$,所以这个 φ 也确定了 $\overline{G}$ 到 G 的双射

$\varphi^{-1}:\bar{a}\to a, \forall \bar{a}\in\bar{G}$,这里 $\bar{a}=a^\varphi$

进一步可证 φ^{-1} 是 $\bar{G}$ 到 G 的同构满射. 事实上,对 $\bar{a},\bar{b}\in\bar{G}$,存在 $a,b\in G$,使 $a^\varphi=\bar{a},b^\varphi=\bar{b}$,则 $\bar{a}^{\varphi^{-1}}=a$;$\bar{b}^{\varphi^{-1}}=b$,于是由 $(ab)^\varphi=a^\varphi b^\varphi=\bar{a}\,\bar{b}$ 得

$$(\bar{a}\,\bar{b})^{\varphi^{-1}}=ab=\bar{a}^{\varphi^{-1}}\bar{b}^{\varphi^{-1}}$$

所以必有 $\bar{G}^{\varphi^{-1}}\cong G$. 这说明同构关系是可逆的,"两个同构的群"这句话的含义是确切的.

同态满射有如下两个简单的性质. 设 $G\overset{\varphi}{\sim}\bar{G}$,$e$ 是 G 的单位元,则对任意 $a\in G$,有 $ea=ae=a$. 考虑在同态映射 φ 之下的象,就有 $e^\varphi a^\varphi=a^\varphi e^\varphi=a^\varphi$. 因为 φ 是满射,a^φ 可取遍 $\bar{G}$ 中的所有元素,所以 e^φ 必是 $\bar{G}$ 的单位元. 同理,若 b 是 $a\in G$ 在 G 中的逆元:$ab=ba=e$,则由 $a^\varphi b^\varphi=b^\varphi a^\varphi=e^\varphi$ 知 b^φ 是 $a^\varphi\in\bar{G}$ 在 $\bar{G}$ 中的逆元. 这一事实常用关系式 $(a^{-1})^\varphi=(a^\varphi)^{-1}$ 表示,这里,两个求逆号分别在 G 和 $\bar{G}$ 中求逆,所以同态满射必把单位元变为单位元,逆元变为逆元.

读者可以根据群同构的定义证明,任一无限循环群 $\langle a\rangle$ 必同构于整数加群,同构满射可取为 $\varphi:a^k\to k$,$\forall k\in\mathbf{Z}$. 任一 n 阶循环群 $\langle a\rangle=\{e,a,a^2,\cdots,a^{n-1}\}$,$a^n=e$ 必同构于 n 阶加群 $\mathbf{Z}/\langle n\rangle=\{0,1,2,\cdots,n-1\}$,$n=0$. 因为同构满射是一一对应,所以两个同构的有限群所含的元素个数必定相同. 但对无限群来说,一个群完全可能同它的一个真子群同构. 例如,整数加群与偶数加群是同构的,同构满射可取为 $n\to 2n$,$\forall n\in\mathbf{Z}$.

最后,我们介绍应用广泛的同态定理,它也是抽象代数学中的基本定理之一.

定理 7.1(同态定理) (1)设 N 是群 G 的正规子群,则 $G \sim G/N$,即群 G 的任一商群必是 G 的同态象;

(2)设群 $G \stackrel{\varphi}{\sim} \overline{G}$,$\overline{e}$ 是群 $\overline{G}$ 的单位元,则 $\overline{e}$ 在 φ 之下的原象全体

$$K = \{k \mid k \in G, k^\varphi = \overline{e}\}$$

必是 G 的正规子群,称为同态 φ 的核,且 $G/K \cong \overline{G}$,即群 G 的任一同态象 $\overline{G}$ 必同构于 G 的某个商群 G/K,这里 K 就是该同态的核.

证 (1)由 $(aN)(bN) = abN$ 知

$$\nu : a \to aN, \forall a \in G$$

是 G 到 G/N 的同态满射,所以 $G \stackrel{\nu}{\sim} G/N$. 称这种 ν 为自然同态.

(2)任取 $k_1, k_2 \in K$,则由

$$(k_1 k_2)^\varphi = k_1^\varphi k_2^\varphi = \overline{e}, \quad (k_1^{-1})^\varphi = (k_1^\varphi)^{-1} = \overline{e}$$

知 $k_1 k_2 \in K, k_1^{-1} \in K$,所以 $K \leqslant G$. 任取 $k \in K, g \in G$,则由

$$(g^{-1}kg)^\varphi = (g^\varphi)^{-1} k^\varphi g^\varphi = (g^\varphi)^{-1} g^\varphi = \overline{e}$$

知 $g^{-1}kg \in K$,所以 $K \triangleleft G$. 任取 $a \in G$,设 $a^\varphi = \overline{a}$. 考虑 G/K 到 $\overline{G}$ 的映射

$$\varphi^* : aK \to \overline{a}, \forall aK \in G/K, 这里 \overline{a} = a^\varphi$$

因为 φ 是满射,所以 φ^* 也是满射. 因为

$$aK = bK \Leftrightarrow b^{-1}a \in K$$
$$\Leftrightarrow (b^{-1}a)^\varphi = (b^\varphi)^{-1} a^\varphi = \overline{e}$$
$$\Leftrightarrow a^\varphi = b^\varphi \Leftrightarrow \overline{a} = \overline{b}$$

所以 φ^* 是单值映射和单射. 最后, 由

$$(aK)(bK) = abK \xrightarrow{\varphi^*} \overline{ab} = (ab)^\varphi = a^\varphi b^\varphi = \bar{a}\,\bar{b}$$

知 φ^* 的确是同构满射, 所以

$$G/K \stackrel{\varphi^*}{\cong} \overline{G}$$

例如, $n(n \geq 2)$ 次对称群 S_n 同态于 2 阶乘法群 $G = \{1, -1\}$, G 中的乘法就是数的乘法, 同态满射可取为

$$\varphi: \sigma \to \begin{cases} 1, & \text{若 } \sigma \text{ 是偶置换} \\ -1, & \text{若 } \sigma \text{ 是奇置换} \end{cases}$$

这个同态的核就是 n 次交错群 A_n, 故

$$S_n/A_n \cong \{1, -1\}$$

所以 $[S_n : A_n] = 2$, $A_n \triangleleft S_n$, 且

$$|A_n| = \frac{1}{2}|S_n| = \frac{1}{2}n!, \quad n \geq 2$$

又如, 由行列式的乘法规则 $\det(\boldsymbol{AB}) = \det \boldsymbol{A} \cdot \det \boldsymbol{B}$ 知

$$\varphi: \boldsymbol{A} \to \det \boldsymbol{A}$$

是 $GL_n(\mathbf{R})$ 到 $\mathbf{R}^*$ 的同态满射, 其核就是 $SL_n(\mathbf{R})$, 它是 $GL_n(\mathbf{R})$ 的正规子群, 且

$$GL_n(\mathbf{R})/SL_n(\mathbf{R}) \cong \mathbf{R}^*$$

这里 $\mathbf{R}^*$ 是非零实数乘法群.

第 2 章 群的基本知识

§8 可 解 群

在第 4 章中我们将要说明,一个代数方程能否用根号求解,归之于它所对应的某个群是否是一个"可解群",因此,我们专门列一节向读者介绍什么是可解群.

还是从 4 次对称群 S_4 谈起吧. S_4 是 24 阶群,A_4 是它的 12 阶子群,所以 $A_4 \triangleleft S_4$. 前面已提到过克莱因四元群
$$K_4 = \{(1),(1\ 2)(3\ 4),(1\ 3)(2\ 4),(1\ 4)(2\ 3)\}$$
是 A_4 的正规子群,单位元群 $\{(1)\}$ 当然是 K_4 的正规子群. 这样,我们就得到了一个子群的有限长序列
$$S_4 \triangleright A_4 \triangleright K_4 \triangleright 1$$
这里的 1 表示单位元群 $\{(1)\}$. 后一个群是前一个群的正规子群. 我们把这一序列称为 S_4 的一个正规群列. 一般地,我们有如下定义.

定义 8.1 群 G 的如下子群的有限长序列
$$G = G_0 \triangleright G_1 \triangleright \cdots \triangleright G_{r-1} \triangleright G_r = 1 \qquad (1)$$
称为 G 的一个正规群列. 相邻两群的商群 G_i/G_{i+1} 称为这一正规群列的因子群($i = 0, 1, 2, \cdots, r-1$),1 表示 G 的单位元群.

注意,这里只要求 G_{i+1} 是 G_i 的正规子群,它足以保证 G_i/G_{i+1} 成群,并不要求 G_i 是其他 $G_j (j < i)$ 的正规

子群(正规性没有传递性). 易见, 任意一个群 G 必有正规群列. 例如 $G \triangleright 1$ 就是一个正规群列. 然而正规群列未必是唯一的, 不同的正规群列当然有不同的因子群组.

定义 8.2 称群 G 是可解群, 如果存在某个正规群列, 它的每个因子群都是交换群.

因为交换群的子群和商群仍是交换群, 所以任意交换群必是可解群. 例如, $S_2 = \{(1), (1\ 2)\}$ 必是可解群.

请读者注意定义中的"存在某个"四个字, 这就是说, 对于可解群来说, 不能保证它的任一正规群列的因子群都是交换群. 例如, $S_3 \triangleright A_3 \triangleright 1$ 中, S_3/A_3 和 $A_3/1$ 都是交换群, 所以 S_3 是可解群. 但对正规群列 $S_3 \triangleright 1$ 来说, 因子群 $S_3/1$ 却不是交换群. 前面已说过, S_4 有正规群列

$$S_4 \triangleright A_4 \triangleright K_4 \triangleright 1$$

前两个因子群的阶依次为 2 和 3, 都是素数阶群, 必是交换群. 可以直接验证 K_4 是交换群, 所以 S_4 也是可解群. 那么, S_5 是否是可解群呢? 是否存在 S_5 的某个正规群列, 其每个因子群都是交换群呢? 出乎人们的意料, S_5 竟不是可解群! 4 与 5 仅相差 1, 但两数之间却隔着一条不可逾越的鸿沟! S_4 与 S_5 有着本质的差别. 但是, 从另一角度来看, 幸亏发现了这个差别, 才导致高次代数方程根号求解问题的彻底解决. 不过 S_5 不是可解群这一事实, 不是三言两语就能讲清楚的, 为此首先还要引进群的换位子群的概念.

第2章 群的基本知识

设 G 是任一群. 任取 $a,b \in G$, 必可确定 G 中的一个特殊元素 $a^{-1}b^{-1}ab$, 通常记为

$$[a,b] = a^{-1}b^{-1}ab$$

我们把它称为 a 与 b 的换位子. 请注意, 整个方括号仅表示一个元素. 为什么要取这个怪名字呢? 由换位子的定义式知, $ba[a,b] = ab$, 这说明换位子这个元素右乘 ba 得到的是 ab, 这不是把 b 和 a 换了一个位置吗? a 与 b 的换位子是 $[a,b] = a^{-1}b^{-1}ab$, b 与 a 的换位子是 $[b,a] = b^{-1}a^{-1}ba$, 这两者未必相同, 而它们的乘积 $[a,b][b,a] = e$ 是 G 中的单位元, 所以 $[a,b]^{-1} = [b,a]$. 易见, G 中的两个元素 a 与 b 可交换 $ab = ba$ 当且仅当 $[a,b] = e$. 进一步, 一个群 G 是交换群当且仅当 G 中任意两个元素的换位子都是单位元 e, 这个事实将在定理 8.1 中要用到. 一般地说, 两个换位子的乘积未必是换位子, 即对 $a,b,c,d \in G$ 来说, 未必存在 $x, y \in G$ 使得 $[a,b][c,d] = [x,y]$. 因此, 换位子集合不满足封闭性条件. 但是, 可以证明 G 的如下子集

$$D(G) = \{G \text{ 中有限个换位子相乘所得的乘积}\}$$

必是 G 的正规子群. 事实上, 两个有限个换位子的乘积相乘得到的仍是有限个换位子的乘积, 所以 $D(G)$ 满足封闭性条件. 因为 $D(G)$ 是群 G 的子集, 结合律自然满足. 单位元 $e = [e,e]$ 当然是换位子. 再由 $[a,b]^{-1} = [b,a]$ 知换位子之逆仍是换位子, 所以有限个换位子乘积的逆元仍是有限个换位子的乘积, 仍在 $D(G)$ 中. 这就说明了 $D(G)$ 是 G 的子群. 进一步, 任取 $g \in G$, $[a,b] \in D(G)$, 有

$$g^{-1}[a,b]g = g^{-1}a^{-1}b^{-1}abg$$
$$= (g^{-1}ag)^{-1}(g^{-1}bg)^{-1}(g^{-1}ag)(g^{-1}bg)$$
$$= [g^{-1}ag, g^{-1}bg]$$

它仍是一个换位子,所以,任取 $g \in G, d = d_1 d_2 \cdots d_r \in D(G)$(这里每个 d_i 都是换位子),必有

$$g^{-1}dg = (g^{-1}d_1 g)(g^{-1}d_2 g)\cdots(g^{-1}d_r g)$$

它仍是有限个换位子的乘积,即属于 $D(G)$,所以 $D(G) \triangleleft G$. G 的这个正规子群 $D(G)$ 称为 G 的换位子群. 群 G 的换位子群有以下重要性质.

定理 8.1 设 G 是群,$D(G)$ 是 G 的换位子群,则:

(1) $G/D(G)$ 必是交换群;

(2) 若 N 是 G 的使 G/N 是交换群的正规子群,则 $N \supseteq D(G)$,这就是说,群的换位子群是使商群是交换群的最小正规子群.

证 (1) 把商群 $G/D(G)$ 中的每个元素(陪集)记为

$$\bar{g} = gD(G), \quad g \in G$$

则据陪集乘法的定义易证,$\bar{g}^{-1} = \overline{g^{-1}}$,$\forall g \in G$. 于是,$G/D(G)$ 中的任何一个换位子

$$\bar{g}^{-1}\bar{h}^{-1}\bar{g}\bar{h} = \overline{g^{-1}h^{-1}gh}$$
$$= (g^{-1}h^{-1}gh)D(G) = D(G)$$

(因为 $g^{-1}h^{-1}gh \in D(G)$) 是 $G/D(G)$ 中的单位元 $D(G)$,所以 $G/D(G)$ 是交换群.

(2) 任取 $g, h \in G$. 由 G/N 是交换群知

$$N = (gN)^{-1}(hN)^{-1}(gN)(hN) = (g^{-1}h^{-1}gh)N$$

这说明 $g^{-1}h^{-1}gh \in N$, 所以 $D(G) \subseteq N$.

本章的主要目标就是要得到如下结果.

定理 8.2 当 $n \geq 5$ 时, S_n 不是可解群.

证 若 $G = S_n$ 是可解群, 则存在某个正规群列

$$G = G_0 \triangleright G_1 \triangleright \cdots \triangleright G_{k-1} \triangleright G_k \triangleright \cdots \triangleright G_r = 1$$

这里 1 表示 G 的单位元群, 它由 S_n 中的恒等变换构成. 每个因子群 G_{k-1}/G_k 都是交换群. 现要证明这是不可能的. 为此, 我们对 k 用归纳法证明以下事实: 当 G_{k-1} 包含 S_n 中所有 3 – 轮换时, G_k 也必定包含 S_n 中的所有 3 – 轮换. 这样就不可能存在是单位元群的 G_r 了, 而 r 是有限数. $G_0 = S_n$ 当然包含 S_n 中所有 3 – 轮换. 设 G_{k-1} 包含 S_n 中的所有 3 – 轮换. 在 1 与 n 之间任意取定五个两两互异的自然数 i, j, k, l 和 m (因为 $n \geq 5$, 这总是办得到的), 则

$$\sigma = (i\ l\ j),\ \tau = (j\ k\ m) \in G_{k-1}$$

因为 G_{k-1}/G_k 是交换群, 据定理 8.1, $D(G_{k-1}) \subseteq G_k$, 所以

$$\sigma^{-1}\tau^{-1}\sigma\tau = (j\ l\ i)(m\ k\ j)(i\ l\ j)(j\ k\ m)$$
$$= (i\ j\ k) \in G_k$$

这就证明了 G_k 也包含 S_n 中的所有 3 – 轮换.

推论 当 $n \geq 5$ 时, A_n 不是可解群.

证 若 A_n 是可解群, 则有因子群都是交换群的正规群列 $A_n \triangleright \cdots \triangleright 1$. 在上一节末已证明 S_n/A_n 是 2 阶交换群, 所以 $S_n \triangleright A_n \triangleright \cdots \triangleright 1$ 就成为 S_n 的正规群列, 其每个因子群都是交换群, 于是 S_n 是可解群, 这是不可能的, 所以 A_n 不是可解群.

最后,还必须解决一个问题:如何判别某个给定的群是可解群?这仍要借助于换位子群.设 G 是群, $D(G)$ 是 G 的换位子群. $D(G)$ 既然是一个群,它也有换位子群,记为 $D^2(G)$,它的元素是有限个形如 $[d_1, d_2]$ 的元素的积, d_1 和 d_2 是 G 中元素的有限个换位子之积. 同理,把群 $D^2(G)$ 的换位子群记为 $D^3(G)$……如此下去可得 G 的如下子群列

$$G \triangleright D(G) \triangleright D^2(G) \triangleright D^3(G) \triangleright \cdots$$

一般说来,它未必是有限长的序列. 我们把它称为 G 的换位群列,可以证明如下定理.

定理 8.3 群 G 是可解群 $\Leftrightarrow$ 存在自然数 k 使 $D^k(G) = 1$,这里 1 代表 G 的单位元群. 换句话说,群 G 是可解群当且仅当 G 的换位群列有限步终于 1.

证 必要性. 设 G 是可解群,则据定义知存在某个正规群列

$$G = G_0 \triangleright G_1 \triangleright G_2 \triangleright \cdots \triangleright G_{k-1} \triangleright G_k = 1$$

其中每个因子群 G_i/G_{i+1} 都是交换群. 于是据定理 8.1,依次有

$$G_1 \supseteq D(G_0) = D(G)$$
$$G_2 \supseteq D(G_1) \supseteq D^2(G)$$

这里,包含关系 $D(G_1) \supseteq D^2(G)$ 是根据以下事实得出的:因为 $D(G)$ 是 G_1 的子群, $D(G)$ 中的换位子必是 G_1 中的换位子,所以 $D^2(G)$ 是 $D(G_1)$ 的子群. 类似地,有

$$G_3 \supseteq D(G_2) \supseteq D^3(G)$$
$$\vdots$$
$$G_{k-1} \supseteq D(G_{k-2}) \supseteq D^{k-1}(G)$$

第 2 章　群的基本知识

$$G_k \supseteq D(G_{k-1}) \supseteq D^k(G)$$

但已知 $G_k = 1$，所以 $D^k(G) = 1$.

充分性. 设 $D^k(G) = 1$，则 G 有如下正规群列

$$G \triangleright D(G) \triangleright D^2(G) \triangleright \cdots \triangleright D^k(G) = 1$$

且由定理 8.1 知每个因子群 $D^i(G)/D^{i+1}(G)$ 都是交换群（这里 $D^0(G) = G, D^1(G) = D(G)$），所以 G 是可解群.

推论　可解群的子群和商群必是可解群.

证　（1）若 G 是可解群，可设 $D^k(G) = 1$. 设 H 是 G 的任一子群. 由换位子的定义易见 $D^k(H) \subseteq D^k(G)$. 但 $D^k(G) = 1$，所以 $D^k(H) = 1$，H 是可解群.

（2）若 G/N 是 G 的任一商群. 考虑自然同态 $G \overset{\nu}{\sim} G/N$. 对任一 $g \in G$，有 $g^\nu = gN = \bar{g}$. 用 $G^\nu = G/N$ 表示 G 在 ν 之下的象群. 由陪集乘法的定义知，对 $g, h \in G$ 有

$$g^{-1}h^{-1}gh \overset{\nu}{\to} (g^{-1}h^{-1}gh)N = \overline{g^{-1}}\ \overline{h^{-1}}\ \bar{g}\bar{h} = \bar{g}^{-1}\bar{h}^{-1}\bar{g}\bar{h}$$

即 ν 把 G 的换位子映为 G^ν 中的换位子. 反之，G^ν 中的任一换位子 $[\bar{g},\bar{h}]$ 必是 G 中的换位子 $[g,h]$ 在 ν 之下的象，所以 ν 把 G 的换位子群 $D(G)$ 映为 G^ν 的换位子群 $D(G^\nu)$，即

$$D(G) \overset{\nu}{\longrightarrow} D(G^\nu)$$

同理可得

$$D^2(G) \overset{\nu}{\longrightarrow} D^2(G^\nu)$$

$$\vdots$$

$$D^k(G) \overset{\nu}{\longrightarrow} D^k(G^\nu)$$

因为同态映射把单位元映为单位元,所以当 $D^k(G) = 1$ 时,必有 $D^k(G'') = 1''$,这里 $1''$ 是 $G'' = G/N$ 的单位元 N. 于是证得 G/N 是可解群.

在群论中还有一个重要概念,就是单群. 每个群 G 都有两个平凡正规子群 $\{e\}$ 和 G. 如果某个群 G 除这两个平凡正规子群以外,不存在其他真正规子群,则称 G 是单群. 当然,单群允许有真子群. 最简单的单群是素数阶群,它必是循环群,而且据拉格朗日定理知,它不含任何真子群,所以素数阶群必是交换单群. 有趣的是,任一交换单群 G 必是素数阶群. 现在我们就来证明这件事.

首先指出,因为 G 是交换群,任一子群必是正规子群,所以由 G 是单群知,它不允许存在任何真子群,即不存在异于 $\{e\}$ 和 G 的子群. 任意取定某个 $a \in G$, $a \neq e$,则 $\langle a \rangle$ 是 G 的子群,且 $\langle a \rangle \neq \{e\}$,所以 $G = \langle a \rangle$. 若 G 是无限循环群,则 $\langle a^2 \rangle$ 是 $\langle a \rangle$ 的真子群,又与 $\langle a \rangle$ 是单群相矛盾,所以 $G = \langle a \rangle$ 是 n 阶群. 若 n 不是素数,则可分解成 $n = lm$, $1 < l, m < n$,这样又得到 $\langle a \rangle$ 的真子群 $\langle a^l \rangle$,矛盾. 于是证得 G 必是素数阶群.

综上所述,我们可得到一个简洁的结论:交换单群就是素数阶群,且必是循环群.

既然是交换群的单群已经弄清楚,那么自然要转向考虑不是交换群的单群了!设 G 是某个不是交换群的单群,则 $G \triangleright 1$ 是 G 的唯一的正规群列, $G/1 = G$ 是唯一的因子群. 由 G 不是交换群知, G 不是可解群,所以非交换单群一定不是可解群. 换句话说,是可解群的单群一定是交换单群,因而必是素数阶循环群. 可以直接证明,当 $n \geqslant 5$ 时, A_n 是非交换单群,据此也可推知,当 $n \geqslant 5$ 时, A_n 不是可解群.

利用单群的概念可以讨论一个有限群何时是可解群. 这对于建立一个代数方程能否用根号求解的判别准则是必不可少的. 首先可以证明,对有限群来说,必存在一种特殊的正规群列,其每个因子群都是单群. 每个因子群都是单群的正规群列称为合成群列. 例如, S_4 有合成群列

$$S_4 \triangleright A_4 \triangleright K_4 \triangleright H \triangleright 1$$

其中

$$K_4 = \{(1),(1\ 2)(3\ 4),(1\ 3)(2\ 4),(1\ 4)(2\ 3)\}$$
$$H = \{(1),(1\ 2)(3\ 4)\}$$

因为它的因子群的阶依次为 2,3,2 和 2,它们都是单群. 设 G 是任一有限群. 若 G 是单群,则 $G \triangleright 1$ 就是合成群列,否则,必存在真正规子群. 因为 G 是有限群,只能有有限个真正规子群,在其中必可选定某个 G_1,使它所含的元素个数最多,这种 G_1 称为 G 的极大正规子群. 如果这种群不止一个,则可任意取定一个. 于是 G/G_1 必是单群(因为 G/G_1 的正规子群必为 K/G_1,其中 $G \triangleright K \triangleright G_1$). 这样就得到正规群列 $G \triangleright G_1 \triangleright 1$,它的第一个因子群是单群. 对 $G_1 \triangleright 1$ 重复上述讨论,可得 $G \triangleright G_1 \triangleright G_2 \triangleright 1$,其中 G_2 是 G_1 的某个极大正规子群, G_1/G_2 是单群.……如此下去,因为 G 是有限群,经有限步后必得某个正规群列

$$G = G_0 \triangleright G_1 \triangleright G_2 \triangleright \cdots \triangleright G_{r-1} \triangleright G_r = 1$$
每个 G_{i+1} 是 G_i 的极大正规子群，G_i/G_{i+1} 是单群. 因此，任一有限群必有合成群列.

定理 8.4 有限群 G 是可解群⇔存在 G 的某个合成群列，其每个因子群都是素数阶群.

证 必要性. 因为 G 是有限群，所以可取 G 的某个合成群列
$$G = G_0 \triangleright G_1 \triangleright G_2 \triangleright \cdots \triangleright G_{r-1} \triangleright G_r = 1$$
既然 G 是可解群，那么每个子群 G_i 都是可解群，因而每个商群 G_i/G_{i+1} 也都是可解群，再据它们都是单群知，它们一定是交换单群，因而必是素数阶群.

充分性. 既然在 G 的这个合成群列中，每个因子群都是素数阶群，当然是交换群，而合成群列必是正规群列，所以 G 是可解群.

第3章 伽罗瓦扩域与伽罗瓦群

在本章的前两节中,我们将简要地介绍一些关于多项式和线性空间的基本知识.从§3开始则是伽罗瓦理论的核心内容.

§1 域上的多项式

设 F 是某个数集.若 F 中任意两数相加、相减、相乘和相除(除数不为零)所得结果仍在 F 中,即 F 关于数的加减乘除(除数不为零)是封闭的,则称 F 是一个数域.易见,$\mathbf{C}$, $\mathbf{R}$ 和 $\mathbf{Q}$ 都是数域,分别称为复数域、实数域和有理数域.因为两个非零整数相除未必得到整数,所以 $\mathbf{Z}$ 不是数域.在§3中将说明,除这三个数域以外,还存在无限多个其他数域.因为在本书中我们只讨论由数组成的域,所以凡说到域指的都是数域. 由域的定义可见, 若 F 是一个域, 则 F 中的元素全体关于数的加法成群 $(F, +)$, F 中的非零元素全体关于数的乘法成群 $(F^*, \cdot)$.

取定某个数域 F. 所谓 F 上的(一元)多项式指的是

$$f(x) = a_n x^n + a_{n-1} x^{n-1} + \cdots + a_i x^i + \cdots + a_1 x + a_0$$

这里 x 是 F 上的未定元(俗称变元), 所有系数 a_i 都是 F 中的数. 首项系数 $a_n \neq 0$, n 是非负整数, 称为 $f(x)$ 的次数, 记为 $\deg f(x) = n$. 特别地, 零次多项式就是 F 中的非零常数 $f(x) = a_0 \neq 0$. 系数全是零的多项式称为零多项式, 记为 $f(x) = 0$, 这与通常所说的方程式 $f(x) = 0$ 是两回事. 我们不定义零多项式的次数. 任给 F 上的两个多项式

$$f(x) = \sum_{i=0}^n a_i x^i, \ g(x) = \sum_{j=0}^m b_j x^j$$

其中 $a_n \neq 0, b_m \neq 0$. 不妨设 $n \geq m$. 此时令 $b_n = b_{n-1} = \cdots = b_{m+1} = 0$. 规定多项式的加法、减法和乘法如下

$$f(x) \pm g(x) = \sum_{i=0}^n (a_i \pm b_i) x^i$$

$$f(x) g(x) = \sum_{k=0}^{n+m} c_k x^k$$

其中系数

$$c_k = a_k b_0 + a_{k-1} b_1 + \cdots + a_1 b_{k-1} + a_0 b_k = \sum_{i+j=k} a_i b_j$$

$$k = 0, 1, 2, \cdots, n+m$$

把域 F 上的一元多项式全体记作

$$F[x] = \left\{ f(x) = \sum_{i=0}^n a_i x^i \mid a_i \in F, n \text{ 是非负整数} \right\}$$

第3章　伽罗瓦扩域与伽罗瓦群

不难一一验证 $F[x]$ 中的元素关于上述运算具有如下基本性质：

(1) 交换律
$$f(x) + g(x) = g(x) + f(x)$$
$$f(x)g(x) = g(x)f(x)$$

(2) 结合律
$$(f(x) + g(x)) + h(x) = f(x) + (g(x) + h(x))$$
$$(f(x)g(x))h(x) = f(x)(g(x)h(x))$$

(3) 分配律
$$f(x)(g(x) + h(x)) = f(x)g(x) + f(x)h(x)$$

(4) 消去律：如果 $f(x)g(x) = f(x)h(x)$ 且 $f(x) \neq 0$，则 $g(x) = h(x)$.

显然，集合 $F[x]$ 关于多项式的加法、减法和乘法是封闭的. 但是，两个多项式相除就未必得到多项式了，这就牵涉到通常所说的带余除法. 设 F 是取定的域. 对 $f(x), g(x) \in F[x]$，其中 $g(x) \neq 0$，必存在唯一的一对 $h(x), r(x) \in F[x]$，使得
$$f(x) = h(x)g(x) + r(x)$$
这里 $r(x)$ 或者是零多项式，或者 $\deg r(x) < \deg g(x)$. $h(x)$ 和 $r(x)$ 分别称为 $f(x)$ 除以 $g(x)$ 的商式和余式. 一种特殊情况是余式 $r(x) = 0$，即 $f(x) = h(x)g(x)$，此时就说在 $F[x]$ 中 $g(x)$ 整除 $f(x)$，记为 $g(x) | f(x)$，并称 $g(x)$ 是 $f(x)$ 的因式. 如果对 $p(x) \in F[x]$，$n = \deg p(x) \geq 1$，不存在次数小于 n 的 $f(x), g(x) \in F[x]$ 使 $p(x) = f(x)g(x)$，则称 $p(x)$ 是 $F[x]$ 中的不可约多项式，否则，称 $p(x)$ 是 $F[x]$ 中的可约多项式. 必须

73

指出，一个多项式是否可约，必须针对某个域而言. 例如，x^2+1 在 $\mathbf{R}[x]$ 中不可约，但在 $\mathbf{C}[x]$ 中却可分解为 $x^2+1=(x-\sqrt{-1})(x+\sqrt{-1})$，因而是 $\mathbf{C}[x]$ 中的可约多项式.

设 $f(x)$ 和 $g(x)$ 是 $F[x]$ 中的两个不同时为零的多项式. 如果 $F[x]$ 中的某个多项式 $d(x)$ 满足以下两个条件：

(1) $d(x)|f(x), d(x)|g(x)$，即 $d(x)$ 是 $f(x)$ 和 $g(x)$ 的公因式；

(2) 对任一满足 $d'(x)|f(x)$ 和 $d'(x)|g(x)$ 的 $d'(x)$，必有 $d'(x)|d(x)$.

则称 $d(x)$ 是 $f(x)$ 和 $g(x)$ 的最高公因式. 特别地，把 $f(x)$ 和 $g(x)$ 的首项系数为 1 的最高公因式记为 $(f(x),g(x))$. 若 $(f(x),g(x))=1$，则称 $f(x)$ 和 $g(x)$ 是互素的. 此时，它们的公因式只能是 F 中的常数.

关于多项式的最高公因式有如下常用的定理.

定理 1.1（辗转相除法）　对于 $F[x]$ 中的任意两个不同时为零的多项式 $f(x)$ 和 $g(x)$，必存在 $u(x)$，$v(x)\in F[x]$ 使

$$(f(x),g(x))=u(x)f(x)+v(x)g(x) \quad (1)$$

特别地，若 $f(x)$ 和 $g(x)$ 互素，则有

$$u(x)f(x)+v(x)g(x)=1 \quad (2)$$

证　我们先证明以下事实. 若 $f(x)=h(x)g(x)+r(x)$，则

$$(f(x),g(x))=(g(x),r(x)) \quad (3)$$

第 3 章 伽罗瓦扩域与伽罗瓦群

事实上,记
$$d_1(x)=(f(x),g(x)), d_2(x)=(g(x),r(x))$$
因为
$$r(x)=f(x)-h(x)g(x)$$
所以由 $d_1(x)\mid f(x)$ 和 $d_1(x)\mid g(x)$ 得 $d_1(x)\mid r(x)$,于是由 $d_2(x)$ 的定义知 $d_1(x)\mid d_2(x)$.同理,由 $f(x)=h(x)g(x)+r(x)$ 和 $d_2(x)\mid g(x), d_2(x)\mid r(x)$,得 $d_2(x)\mid f(x)$,又有 $d_2(x)\mid d_1(x)$.因为 $d_1(x)$ 和 $d_2(x)$ 的首项系数都是 1,所以必有 $d_1(x)=d_2(x)$,这就是式(3).

现在再来证明式(1).若 $g(x)=0$,则由假设知,$f(x)$ 的首项系数 $a_n\neq 0$,显然有
$$(f(x),0)=a_n^{-1}f(x)+1\times 0$$
这是式(1)的特殊情形.设 $g(x)\neq 0$,则可设
$$f(x)=h_1(x)g(x)+r_1(x)$$
$$r_1(x)=0 \text{ 或 } \deg r_1(x)<\deg g(x)$$
若 $r_1(x)=0$,则
$$(f(x),g(x))=(h_1(x)g(x),g(x))$$
$$=b_m^{-1}g(x)+0\cdot f(x)$$
这里 b_m 是 $g(x)$ 的首项系数,这也是式(1)的特殊情形.因此可讨论 $g(x)$ 和 $r_1(x)$ 都不是零多项式的情形.反复利用带余除法可得以下一系列等式
$$f(x)=h_1(x)g(x)+r_1(x)$$
$$g(x)=h_2(x)r_1(x)+r_2(x)$$
$$r_1(x)=h_3(x)r_2(x)+r_3(x)$$
$$\vdots$$
$$(4)$$

$$r_{s-3}(x) = h_{s-1}(x)r_{s-2}(x) + r_{s-1}(x)$$
$$r_{s-2}(x) = h_s(x)r_{s-1}(x) + r_s(x)$$
$$r_{s-1}(x) = h_{s+1}(x)r_s(x) + r_{s+1}(x)$$

这里
$$\deg g(x) > \deg r_1(x) > \deg r_2(x) > \cdots$$
$$> \deg r_s(x) > \deg r_{s+1}(x) \geqslant 0$$

这就是通常所说的辗转相除法的含义. 因为 $\deg g(x)$ 是非负有限数, 所以必存在自然数 s 使 $r_s(x) \neq 0$ 而 $r_{s+1}(x) = 0$ (因为 F 中任一非零常数必整除任一多项式). 于是根据式(3)可得

$$(f(x), g(x)) = (g(x), r_1(x))$$
$$= (r_1(x), r_2(x))$$
$$= \cdots$$
$$= (r_{s-1}(x), r_s(x))$$
$$= (r_s(x), 0) = c^{-1}r_s(x)$$

这里 c 是 $r_s(x)$ 的首项系数. 在等式组(4)的倒数第二个等式中可解出

$$r_s(x) = r_{s-2}(x) - h_s(x)r_{s-1}(x)$$

但 $r_{s-1}(x)$ 和 $r_{s-2}(x)$ 又可根据前面两个等式用其他下标更小的 $h_i(x)$ 和 $r_i(x)$ 表出, 所以最后可把 $r_s(x)$ 表示为 $f(x)$ 和 $g(x)$ 的线性组合, 再除以 $r_s(x)$ 的首项系数 c 即得式(1). 据多项式互素的定义, 由式(1)立得式(2).

关于多项式的整除性有以下常用性质:

(1) 若 $f(x) | g(x), g(x) | f(x)$, 则存在 $c \in F^*$ 使 $f(x) = c \cdot g(x)$.

第3章 伽罗瓦扩域与伽罗瓦群

(2) 若 $f(x)\mid g(x)$, $g(x)\mid h(x)$,则 $f(x)\mid h(x)$.

(3) 若 $f(x)\mid g_i(x)$, $i=1,2,\cdots,n$,则对任意 $u_i(x)\in F[x]$, $i=1,2,\cdots,n$,必有 $f(x)\Big|\sum_{i=1}^{n}u_i(x)g_i(x)$.

(4) 若 $f(x)\mid g(x)h(x)$,且 $(f(x),g(x))=1$,则 $f(x)\mid h(x)$.

事实上,可设 $u(x)f(x)+v(x)g(x)=1$,有

$$u(x)f(x)h(x)+v(x)g(x)h(x)=h(x)$$

于是,由 $f(x)\mid g(x)h(x)$ 立得 $f(x)\mid h(x)$.

(5) 若 $f_1(x)\mid g(x)$, $f_2(x)\mid g(x)$,且 $(f_1(x),f_2(x))=1$,则

$$f_1(x)f_2(x)\mid g(x)$$

事实上,可设 $g(x)=f_1(x)h(x)$,则

$$f_2(x)\mid f_1(x)h(x)$$

由 $(f_1(x),f_2(x))=1$ 得

$$f_2(x)\mid h(x), \quad f_1(x)f_2(x)\mid g(x)$$

(6) 若 $p(x)$ 是 $F[x]$ 中的不可约多项式,则对任何 $f(x)\in F[x]$,或者 $p(x)\mid f(x)$,或者 $(p(x),f(x))=1$. 由此可知,当 $p(x)\mid f(x)g(x)$ 时必有 $p(x)\mid f(x)$ 或者 $p(x)\mid g(x)$.

众所周知,任一自然数 $n\geqslant 2$ 必可唯一地分解为若干个素数的乘积

$$n=p_1^{e_1}p_2^{e_2}\cdots p_s^{e_s}$$

这里 $p_1,p_2,\cdots,p_s$ 是 s 个两两互异的素数,$e_1,e_2,\cdots,e_s$ 是自然数. 对于域 F 上的多项式也有类似的结果. 任一次数

77

大于或等于 1 的 $f(x) \in F[x]$ 必可唯一地分解成
$$f(x) = a p_1^{e_1}(x) p_2^{e_2}(x) \cdots p_s^{e_s}(x)$$
这里 $p_i(x)$ 都是 $F[x]$ 中的两两互异的首项系数是 1 的不可约多项式, e_i 是自然数, a 是 $f(x)$ 的首项系数. $p_i(x)$ 称为 $f(x)$ 的 e_i 重因式. 给定域 F 上的多项式
$$f(x) = a_n x^n + \cdots + a_i x^i + \cdots + a_1 x + a_0$$
某个复数 α 称为 $f(x)$ 的一个根, 如果
$$f(\alpha) = a_n \alpha^n + \cdots + a_i \alpha^i + \cdots + a_1 \alpha + a_0 = 0$$
当然, 这个 α 未必属于 F, 但据代数学基本定理知, 这种复数 α 一定存在. 若 $\deg f(x) = n$, 则在 $\mathbf{C}[x]$ 中有分解式
$$f(x) = a_n (x - \alpha_1)^{e_1} (x - \alpha_2)^{e_2} \cdots (x - \alpha_s)^{e_s}$$
这里 $\alpha_1, \alpha_2, \cdots, \alpha_s$ 是 $f(x)$ 的不同的根, $e_1, e_2, \cdots, e_s$ 是自然数. 此时, 称 α_i 是 $f(x)$ 的 e_i 重根, $i = 1, 2, \cdots, s$. 对于给定的 $f(x)$, 我们希望不通过求根就可以判定它有没有重根. 为此, 需引进多项式导数的概念. 对于给定的 n 次多项式
$$f(x) = a_n x^n + \cdots + a_k x^k + \cdots + a_1 x + a_0 = \sum_{k=0}^{n} a_k x^k$$
定义它的一阶导数是
$$f'(x) = n a_n x^{n-1} + \cdots + k a_k x^{k-1} + \cdots + a_1 = \sum_{k=1}^{n} k a_k x^{k-1}$$
它是 $n - 1$ 次多项式. 我们可直接验证有如下求导公式
$$(f(x) + g(x))' = f'(x) + g'(x)$$
$$(f(x) g(x))' = f'(x) g(x) + f(x) g'(x)$$
现在可以证明如下定理.

定理 1.2 $f(x)$ 没有重根 $\Leftrightarrow (f(x), f'(x)) = 1$.

证 必要性. 设 $f(x)$ 没有重根, 不妨设 $f(x)$ 的首项系数是 1, 则在 $\mathbf{C}[x]$ 中有

$$f(x) = (x-\alpha_1)\cdots(x-\alpha_i)\cdots(x-\alpha_n) = \prod_{i=1}^{n}(x-\alpha_i)$$

这里 $\alpha_1, \alpha_2, \cdots, \alpha_n$ 是 $f(x)$ 的两两互异的根. 于是根据求导公式得

$$f'(x) = \prod_{i=2}^{n}(x-\alpha_i) + \cdots + \prod_{\substack{i=1\\i\neq j}}^{n}(x-\alpha_i) + \cdots + \prod_{i=1}^{n-1}(x-\alpha_i)$$

任意取定 $f(x)$ 的某个根 α_j, 有

$$f'(\alpha_j) = 0 + \cdots + \prod_{\substack{i=1\\i\neq j}}^{n}(\alpha_j - \alpha_i) + \cdots + 0 \neq 0$$

这说明 $f(x)$ 与 $f'(x)$ 无公共根, 所以 $(f(x), f'(x)) = 1$.

充分性. 采用反证法. 若 α 是 $f(x)$ 的某个 e 重根, $e \geq 2$, 则在 $\mathbf{C}[x]$ 中 $f(x)$ 必可分解为

$$f(x) = (x-\alpha)^e g(x)$$

于是

$$f'(x) = e(x-\alpha)^{e-1}g(x) + (x-\alpha)^e g'(x)$$
$$= (x-\alpha)^{e-1}[eg(x) + (x-\alpha)g'(x)]$$

由 $e-1 \geq 1$ 知必有 $f'(\alpha) = 0$, 所以 α 是 $f(x)$ 和 $f'(x)$ 的公共根. 若 $(f(x), f'(x)) = 1$, 则可设

$$u(x)f(x) + v(x)f'(x) = 1$$

将 $x = \alpha$ 代入即得 $0 = 1$, 矛盾, 所以 $(f(x), f'(x)) \neq 1$.

推论 任一域 F 上的任一不可约多项式一定没有重根.

证 设 $p(x)$ 是 $F[x]$ 中的不可约多项式,则对 $p'(x) \in F[x]$,或者 $p(x) | p'(x)$,或者 $(p(x), p'(x)) = 1$. 但是,$\deg p(x) > \deg p'(x)$ 且 $p'(x) \neq 0$,$p(x)$ 不可能是 $p'(x)$ 的因式,所以必有 $(p(x), p'(x)) = 1$,$p(x)$ 没有重根.

因为 $F[x]$ 关于多项式的除法不封闭,所以我们要引出上述的整除性理论. 进一步还可模仿用整数集构造出有理数集的方法,考虑集合

$$F(x) = \left\{ \frac{f(x)}{g(x)} \,\middle|\, f(x), g(x) \in F[x], g(x) \neq 0 \right\}$$

易见它关于以下运算都是封闭的

$$\frac{f_1(x)}{g_1(x)} \pm \frac{f_2(x)}{g_2(x)} = \frac{f_1(x)g_2(x) \pm g_1(x)f_2(x)}{g_1(x)g_2(x)}$$

$$\frac{f_1(x)}{g_1(x)} \cdot \frac{f_2(x)}{g_2(x)} = \frac{f_1(x)f_2(x)}{g_1(x)g_2(x)}$$

$$\frac{\dfrac{f_1(x)}{g_1(x)}}{\dfrac{f_2(x)}{g_2(x)}} = \frac{f_1(x)g_2(x)}{g_1(x)f_2(x)}$$

通常把 $F(x)$ 称为一元有理分式域,这里的"有理"两字指的是分子、分母都是多项式.

以上讨论的都是仅含一个变元 x 的情形. 在伽罗瓦理论中还要用到含多个变元的多项式和有理分式. 例如

$$f(x_1, x_2, x_3) = 2x_1^3 x_2 x_3^2 + 3x_1^2 x_2^3 x_3 - 5x_1 x_2^4 x_3$$

就是一个三元多项式. 以下 4 个四元多项式

$$\sigma_1 = x_1 + x_2 + x_3 + x_4$$
$$\sigma_2 = x_1 x_2 + x_1 x_3 + x_1 x_4 + x_2 x_3 + x_2 x_4 + x_3 x_4$$
$$\sigma_3 = x_1 x_2 x_3 + x_1 x_2 x_4 + x_1 x_3 x_4 + x_2 x_3 x_4$$
$$\sigma_4 = x_1 x_2 x_3 x_4$$

有一个共同的特点,就是把 4 个变元的 4 个下标 1,2,3,4 作任何一个 4 阶置换,所得到的仍然是原来的四元多项式,这说明它们具有上述意义上的"对称性". 通常把这 4 个多项式称为初等对称多项式. 一般地,含 n 个变元的 n 个初等对称多项式为

$$\sigma_1 = \sum_i x_i = x_1 + x_2 + \cdots + x_n$$
$$\sigma_2 = \sum_{1 \leq i_1 < i_2 \leq n} x_{i_1} x_{i_2}$$
$$= x_1 x_2 + x_1 x_3 + \cdots + x_1 x_n + x_2 x_3 + \cdots + x_{n-1} x_n$$
$$\vdots$$
$$\sigma_k = \sum_{1 \leq i_1 < i_2 < \cdots < i_k \leq n} x_{i_1} x_{i_2} \cdots x_{i_k}$$
$$\vdots$$
$$\sigma_n = x_1 x_2 \cdots x_n$$

这里 σ_k 是所有可能的 k 个 x_i 的乘积之和,不过这 k 个 x_i 的下标必须满足 $1 \leq i_1 < i_2 < \cdots < i_k \leq n$. 易见,它们在任一 n 阶置换下都不变. 利用初等对称多项式可得到著名的韦达(F. Vieta,1540—1603)公式. 用它可刻画一元多项式的系数与根之间的关系,即如下定理.

定理 1.3 若 $x_1, x_2, \cdots, x_n$ 是 n 次多项式

$$f(x) = x^n + a_1 x^{n-1} + \cdots + a_k x^{n-k} + \cdots + a_{n-1} x + a_n$$

的 n 个根(注意系数的下标与 x 的方幂之间的关系),则必有如下关系式
$$\sigma_1 = -a_1, \sigma_2 = a_2, \cdots, \sigma_k = (-1)^k a_k, \cdots, \sigma_n = (-1)^n a_n$$
这里 $\sigma_1, \sigma_2, \cdots, \sigma_n$ 就是 $x_1, x_2, \cdots, x_n$ 的 n 个初等对称多项式.

证 比较等式
$$x^n + a_1 x^{n-1} + \cdots + a_k x^{n-k} + \cdots + a_{n-1} x + a_n$$
$$= (x - x_1)(x - x_2) \cdots (x - x_n)$$
两边 x 的同次项的系数就可得到所需要的关系式.

域 F 上的 n 元多项式的一般形式可写为
$$f(x_1, x_2, \cdots, x_n) = \sum a_{k_1 k_2 \cdots k_n} x_1^{k_1} x_2^{k_2} \cdots x_n^{k_n}$$
这里,所有系数 $a_{k_1 k_2 \cdots k_n}$ 都是 F 中的数. 称这种多项式是对称多项式,如果它在任一 $\tau \in S_n$ 之下不变,确切地说,若把 i 在 n 阶置换 τ 之下的象记为 j_i,则有
$$f(x_1, \cdots, x_i, \cdots, x_n) = f(x_{j_1}, \cdots, x_{j_i}, \cdots, x_{j_n})$$
即把 x_i 换成 x_{j_i},多项式不变,$i = 1, 2, \cdots, n$. 关于对称多项式有以下重要定理.

定理 1.4(对称多项式基本定理) 对于 F 上的任一 n 元对称多项式 $f(x_1, x_2, \cdots, x_n)$,必存在 F 上唯一的 n 元多项式 $\varphi(y_1, y_2, \cdots, y_n)$ 使
$$f(x_1, x_2, \cdots, x_n) = \varphi(\sigma_1, \sigma_2, \cdots, \sigma_n)$$
这里 $\sigma_1, \sigma_2, \cdots, \sigma_n$ 是 $x_1, x_2, \cdots, x_n$ 的 n 个初等对称多项式. 这就是说,任一 n 元对称多项式都可唯一地表示为 n 个 n 元初等对称多项式的多项式.

例如,设 $f(x) = x^2 + bx + c$ 的根为 x_1, x_2,则它的判别式

第 3 章 伽罗瓦扩域与伽罗瓦群

$$D = (x_1 - x_2)^2 = (x_1 + x_2)^2 - 4x_1 x_2 = \sigma_1^2 - 4\sigma_2$$

用 $\sigma_1 = -b, \sigma_2 = c$ 代入就得到通常所见的二次多项式的判别式

$$D = b^2 - 4c$$

又如,设 $f(x) = x^3 + a_1 x^2 + a_2 x + a_3$ 的三个根为 x_1, x_2 和 x_3,则它的判别式

$$D = (x_1 - x_2)^2 (x_1 - x_3)^2 (x_2 - x_3)^2$$

显然是对称多项式. 可以验证 D 可表示为 x_1, x_2, x_3 的三个初等对称多项式 σ_1, σ_2 和 σ_3 的多项式

$$D = -4\sigma_1^3 \sigma_3 + \sigma_1^2 \sigma_2^2 + 18\sigma_1 \sigma_2 \sigma_3 - 4\sigma_2^3 - 27\sigma_3^2$$

再换成 $f(x)$ 的系数,可得

$$D = -4a_1^3 a_3 + a_1^2 a_2^2 + 18a_1 a_2 a_3 - 4a_2^3 - 27a_3^2$$

一个三次方程有重根当且仅当上述判别式 $D = 0$.

通常,我们把 F 上的 n 元多项式全体记为 $F[x_1, x_2, \cdots, x_n]$,而

$$F(x_1, x_2, \cdots, x_n) = \left\{ \frac{f(x_1, x_2, \cdots, x_n)}{g(x_1, x_2, \cdots, x_n)} \middle| f, g \in F[x_1, x_2, \cdots, x_n], g \neq 0 \right\}$$

称为 n 元有理分式域,它的元素都是 n 元多项式的商.

§2 域上的线性空间

在平面上取定直角坐标系 xOy,则平面上任一点 P 都可用 2 维实向量 (x,y) 表示,x 是 P 的横坐标,y 是 P 的纵坐标,它们都是实数,如图 7.

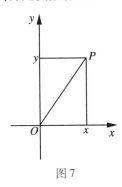

图 7

易见 2 维实向量全体
$$V = \{(x,y) \mid x, y \in \mathbf{R}\}$$
关于向量加法
$$(x_1, y_1) + (x_2, y_2) = (x_1 + x_2, y_1 + y_2)$$
成交换群. 另外在 V 中还可定义一种数与向量的乘法
$$a(x,y) = (ax, ay), \forall a \in \mathbf{R}, (x,y) \in V$$
运算结果仍是 V 中的向量,而且还满足如下等式
$$1 \cdot (x,y) = (x,y)$$
$$(ab)(x,y) = a(b(x,y))$$
$$(a+b)(x,y) = a(x,y) + b(x,y)$$

第 3 章　伽罗瓦扩域与伽罗瓦群

$$a[(x_1,y_1)+(x_2,y_2)] = a(x_1,y_1) + a(x_2,y_2)$$

我们就说 V 是 $\mathbf{R}$ 上的 2 维线性空间（又称向量空间）。域上的线性空间的一般定义如下。

定义 2.1　设 F 是域，V 是非空集合，在 V 中定义了加法 $\alpha+\beta, \alpha,\beta \in V$，且对 $a \in F, \alpha \in V$，又定义了数量乘法 $a\alpha$，运算结果都是 V 中确定的元素。若满足以下条件：

（Ⅰ）V 关于加法成交换群；

（Ⅱ）数乘结合律：$(ab)\alpha = a(b\alpha)$，$\forall a,b \in F, \alpha \in V$；

（Ⅲ）数乘分配律：对 $a,b \in F, \alpha,\beta \in V$ 有

$$(a+b)\alpha = a\alpha + b\alpha, \quad a(\alpha+\beta) = a\alpha + a\beta$$

（Ⅳ）$1 \cdot \alpha = \alpha$，$\forall \alpha \in V$。

则称 V 是 F 上的一个线性空间，可简记为 $F-V$。

不难验证，域 F 上的一元多项式全体

$$F[x] = \left\{ \sum_{i=0}^{n} a_i x^i \,\middle|\, a_i \in F, n \text{ 是非负整数} \right\}$$

是 F 上的线性空间，其中加法就是多项式的加法，数乘就是数与多项式的乘法

$$b\left(\sum_{i=0}^{n} a_i x^i\right) = \sum_{i=0}^{n} b a_i x^i$$

类似地，$\mathbf{R}$ 上的 n 阶方阵全体 $M_n(\mathbf{R})$ 关于矩阵的加法和数与矩阵的乘法也成 $\mathbf{R}$ 上的线性空间。因为两个可逆阵之和未必是可逆阵，所以 $GL_n(\mathbf{R})$ 关于这两种运算不成线性空间。

线性空间的维数是它的一个很重要的特征。设 V

是域 F 上的线性空间，$\alpha_1, \alpha_2, \cdots, \alpha_r$ 是 V 中的一组元素. 若对某个 $\alpha \in V$，存在 $a_1, a_2, \cdots, a_r \in F$ 使得

$$\alpha = a_1\alpha_1 + a_2\alpha_2 + \cdots + a_r\alpha_r$$

则称 α 可经 $\alpha_1, \alpha_2, \cdots, \alpha_r$ 线性表出，其中 $a_1, a_2, \cdots, a_r$ 称为表出系数. 我们把加法群 $(V, +)$ 中的单位元记作 θ，读作零元，它与数字零不同. 易见，θ 必可经 V 中的任一元素组线性表出，表出系数全是 0. V 中的元素组 $\alpha_1, \alpha_2, \cdots, \alpha_r$ 称为线性相关的，如果存在不全为 0 的 $k_1, k_2, \cdots, k_r \in F$ 使

$$k_1\alpha_1 + k_2\alpha_2 + \cdots + k_r\alpha_r = \theta$$

既然必存在某个 k_i 不是 0，不妨设 $k_r \neq 0$，则 α_r 必可经 $\alpha_1, \alpha_2, \cdots, \alpha_{r-1}$ 线性表出

$$\alpha_r = -\frac{1}{k_r}(k_1\alpha_1 + k_2\alpha_2 + \cdots + k_{r-1}\alpha_{r-1})$$

不是线性相关的元素组称为线性无关元素组，即

$$k_1\alpha_1 + k_2\alpha_2 + \cdots + k_r\alpha_r = \theta$$

当且仅当所有 k_i 都是 0 时成立. 由上述定义可见，V 中的元素组是否线性相关，与 V 的系数域 F 密切相关，所以有必要时需明确地把它们称为 $F-$ 线性相关或 $F-$ 线性无关.

定义 2.2 设 V 是域 F 上的线性空间. 若 V 中存在 n 个线性无关的元素，但不存在更多个数的线性无关的元素，则称 V 是 F 上的 n 维线性空间，统称为有限维线性空间. 存在无限多个线性无关元素的线性空间称为无限维线性空间.

由定义可见，有限维线性空间的维数是唯一确定

的. 若 V 是 F 上的 n 维线性空间,则 V 中任何一组个数大于 n 的元素组必定是线性相关的. 这一个事实以后经常要用到. 若 V 是 F 上的 n 维线性空间,这仅说明存在 n 个线性无关的元素,但这种元素组未必只有一个. n 维线性空间中任意一个含 n 个元素的线性无关组都称为 V 中的一个 F - 基. 设 $\alpha_1, \alpha_2, \cdots, \alpha_n$ 是 V 中的一个 F - 基,则它有两个特征性质.

第一,任取 $\alpha \in V$,因为 V 的维数是 n,所以 $n+1$ 个元素 $\alpha_1, \cdots, \alpha_n, \alpha$ 必定线性相关,即必存在不全为 0 的 $a_1, \cdots, a_n, a \in F$ 使

$$a_1 \alpha_1 + \cdots + a_n \alpha_n + a\alpha = \theta$$

若 $a = 0$,则 $a_1, a_2, \cdots, a_n$ 不全为 0,这与 $\alpha_1, \alpha_2, \cdots, \alpha_n$ 是线性无关的假设矛盾,所以 $a \neq 0$,于是必有

$$\alpha = -\frac{1}{a}(a_1 \alpha_1 + \cdots + a_n \alpha_n)$$

这就是说任一 $\alpha \in V$ 都可经基中的元素线性表出.

第二,这种表示法是唯一的. 事实上,设

$$\alpha = \sum_{i=1}^{n} a_i \alpha_i = \sum_{i=1}^{n} b_i \alpha_i, \quad a_i, b_i \in F$$

则

$$\sum_{i=1}^{n}(a_i - b_i)\alpha_i = \theta$$

但 $\alpha_1, \alpha_2, \cdots, \alpha_n$ 是线性无关的,必有 $a_i - b_i = 0, a_i = b_i, i = 1, 2, \cdots, n$. 反之,$V$ 中具有这两个特征性质的元素组 $\alpha_1, \alpha_2, \cdots, \alpha_n$ 必是 V 中的 F - 基. 这只要证明 $\alpha_1, \alpha_2, \cdots, \alpha_n$ 线性无关就可以了. 事实上,如果它们线性相关,即存在不全为 0 的 $a_1, a_2, \cdots, a_n$ 使得

$$a_1\alpha_1 + a_2\alpha_2 + \cdots + a_n\alpha_n = \theta$$

但显然又有

$$0 \cdot \alpha_1 + 0 \cdot \alpha_2 + \cdots + 0 \cdot \alpha_n = \theta$$

所以零元 θ 的表示法就不唯一了,这与条件矛盾.

我们来看一些实例. 在 **R** 上的线性空间

$$V = \{(x,y) \mid x, y \in \mathbf{R}\}$$

中,取 $\alpha_1 = (1,0), \alpha_2 = (0,1)$. 易见任一 $\alpha = (x,y)$ 必可唯一地表示为 $\alpha = x\alpha_1 + y\alpha_2$,所以 α_1, α_2 是一个 **R** - 基,V 是 **R** 上的 2 维线性空间. 在

$$F[x] = \left\{ \sum_{i=0}^{n} a_i x^i \,\middle|\, a_i \in F, n \text{ 是非负整数} \right\}$$

中取如下无限多个多项式

$$\alpha_0 = 1, \alpha_1 = x, \alpha_2 = x^2, \cdots, \alpha_k = x^k, \cdots$$

显然,它们构成 $F[x]$ 中的一个 F - 基,所以 $F[x]$ 是 F 上的无限维线性空间. 但是,对于一个确定的自然数 n 来说,次数不超过 n 的多项式全体

$$F[x]_n = \left\{ \sum_{i=0}^{n} a_i x^i \,\middle|\, a_i \in F \right\}$$

也是 F 上的线性空间(请读者自己证一下),然而它却有如下的有限基

$$\alpha_0 = 1, \alpha_1 = x, \alpha_2 = x^2, \cdots, \alpha_n = x^n$$

所以 $F[x]_n$ 是 F 上的 $n+1$ 维线性空间. 又如 $M_n(\mathbf{R})$ 是 **R** 上的 n^2 维线性空间. 用 E_{ij} 表示这样的一个 n 阶方阵,它的 (i,j) 位置上的元素是 1,其他位置上的元素全是 0. 这种矩阵共有 n^2 个,它们构成 $M_n(\mathbf{R})$ 中的一个 **R** - 基.

第3章 伽罗瓦扩域与伽罗瓦群

最后,我们介绍一下线性空间的同构概念.

定义 2.3 设 V 和 $\overline{V}$ 是同一个域 F 上的两个线性空间. 若存在 V 到 $\overline{V}$ 的双射 σ,满足:

(1) $(\alpha+\beta)^\sigma = \alpha^\sigma + \beta^\sigma$, $\forall\, \alpha,\beta \in V$;

(2) $(a\alpha)^\sigma = a\alpha^\sigma$, $\forall\, a \in F, \alpha \in V$.

则称 V 和 $\overline{V}$ 是同构的,记为 $V \stackrel{\sigma}{\cong} \overline{V}$.

定理 2.1 设 $V \stackrel{\sigma}{\cong} \overline{V}$,则 $\alpha_1,\alpha_2,\cdots,\alpha_r$ 是 V 中的线性相关元素组 $\Leftrightarrow \alpha_1^\sigma,\alpha_2^\sigma,\cdots,\alpha_r^\sigma$ 是 $\overline{V}$ 中的线性相关元素组. 因而,同构的线性空间必有相同的维数.

证 必要性. 设 $\alpha_1,\alpha_2,\cdots,\alpha_r$ 线性相关,则存在不全为 0 的 $a_1,a_2,\cdots,a_r$ 使
$$a_1\alpha_1 + a_2\alpha_2 + \cdots + a_r\alpha_r = \theta$$
根据同构 σ 的定义,而且注意到 σ 也是加法群 $(V,+)$ 与 $(\overline{V},+)$ 之间的群同构,它把单位元 θ 变为单位元 $\overline{\theta}$,所以
$$a_1\alpha_1^\sigma + a_2\alpha_2^\sigma + \cdots + a_r\alpha_r^\sigma = \overline{\theta}$$
这说明 $\alpha_1^\sigma,\alpha_2^\sigma,\cdots,\alpha_r^\sigma$ 也是线性相关的.

充分性. 设 $\alpha_1^\sigma,\alpha_2^\sigma,\cdots,\alpha_r^\sigma$ 线性相关,则存在不全为 0 的 $a_1,a_2,\cdots,a_r$ 使
$$a_1\alpha_1^\sigma + a_2\alpha_2^\sigma + \cdots + a_r\alpha_r^\sigma = \overline{\theta}$$
仍据 σ 的定义得
$$(a_1\alpha_1 + a_2\alpha_2 + \cdots + a_r\alpha_r)^\sigma = \overline{\theta}$$
但 σ 是单射,必有 $\theta^\sigma = \overline{\theta}$,所以

$$a_1\alpha_1 + a_2\alpha_2 + \cdots + a_r\alpha_r = \theta$$

即 $\alpha_1, \alpha_2, \cdots, \alpha_r$ 线性相关.

设 V 是 F 上的 n 维线性空间,任意取定一个基 $\alpha_1, \alpha_2, \cdots, \alpha_n$,则任一 $\alpha \in V$ 必可唯一地表示为

$$\alpha = a_1\alpha_1 + a_2\alpha_2 + \cdots + a_n\alpha_n$$

把这 n 个数 $a_i \in F$ 排成长度为 n 的有序组 $(a_1, a_2, \cdots, a_n)$,则它由 α 唯一确定,把它称为 α 在这个基下的坐标向量. 考虑集合

$$F^n = \{(a_1, a_2, \cdots, a_n) \mid a_i \in F\}$$

易证 F^n 关于以下运算

$$(a_1, \cdots, a_n) + (b_1, \cdots, b_n) = (a_1 + b_1, \cdots, a_n + b_n)$$
$$a(a_1, \cdots, a_n) = (aa_1, \cdots, aa_n)$$

也构成 F 上的 n 维线性空间,而且 V 与 F^n 是同构的,同构映射就是对 V 中的元素取坐标向量(在取定某个基的前提下). 根据这个事实可以证明如下定理.

定理 2.2 域 F 上的两个有限维线性空间同构 $\Leftrightarrow$ 它们的维数相同.

证 必要性就是定理 2.1 所述,现证充分性. 设 V_1 和 V_2 都是 F 上的 n 维线性空间,则有

$$V_1 \stackrel{\sigma}{\cong} F^n, \quad V_2 \stackrel{\tau}{\cong} F^n$$

但 τ 是双射,且易证逆映射 τ^{-1} 是 F^n 到 V_2 的同构,即 $F^n \stackrel{\tau^{-1}}{\cong} V_2$,所以 $V_1 \stackrel{\rho}{\cong} V_2$,其中 $\rho = \sigma\tau^{-1}$ 是 V_1 到 V_2 的同构.

第 3 章 伽罗瓦扩域与伽罗瓦群

§3 有限扩域与单代数扩域

在 §1 中已说过,$\mathbf{Q},\mathbf{R}$ 和 $\mathbf{C}$ 是三个数域. 必须指出,除 $\mathbf{Q},\mathbf{R},\mathbf{C}$ 以外,构成域的数集还有很多. 例如实数集 $\mathbf{R}$ 的如下真子集

$$\mathbf{Q}(\sqrt{2}) = \{a + b\sqrt{2} \mid a,b \in \mathbf{Q}\}$$

也是域(这里 $\mathbf{Q}(\sqrt{2})$ 是一个完整的记号). 这是因为

$$(a+b\sqrt{2}) \pm (c+d\sqrt{2}) = (a \pm c) + (b \pm d)\sqrt{2}$$

$$(a+b\sqrt{2})(c+d\sqrt{2}) = (ac+2bd) + (ad+bc)\sqrt{2}$$

$$\frac{a+b\sqrt{2}}{c+d\sqrt{2}} = \frac{1}{c^2-2d^2}[(ac-2bd)+(bc-ad)\sqrt{2}]$$

其中 $c+d\sqrt{2} \neq 0$,仍是 $\mathbf{Q}(\sqrt{2})$ 中的数. 同理

$$\mathbf{Q}(\sqrt{3}) = \{a + b\sqrt{3} \mid a,b \in \mathbf{Q}\}$$

也是域. 这些域都比 $\mathbf{Q}$ 大,称为 $\mathbf{Q}$ 的扩域,称 $\mathbf{Q}$ 是它们的子域. 一般地,若 F 和 E 是两个域,且 $F \subseteq E$,则称 E 是 F 的扩域,F 是 E 的子域. 若 $F \subsetneq E$,即 F 是 E 的真子集,则称 E 是 F 的真扩域,F 是 E 的真子域. 设 F 是任一域. 由于它对减法和除法封闭,F 中必包含 $0,1$ 和 -1,再由加法封闭性知,它包含所有整数 n,再由除法封闭性知,它包含所有的有理数 $\dfrac{n}{m}$. 这说明任一域都是 $\mathbf{Q}$ 的扩域,有理数域是最小的域. 因为一个代数方

程求根总是在某个域中进行的,若它在某个域中无根,但可能在某个扩域中有根,所以扩域这个概念是非常重要的.

关于扩域,我们要引进一个很重要的观点. 设 E 是域 F 的扩域,则域 E 的加法群 $(E,+)$ 可以看成域 F 上的线性空间. 事实上,$(E,+)$ 是一个交换群,且对任一 $f \in F, e \in E$,必有 $fe \in E$ 且满足 $(f_1 f_2)e = f_1(f_2 e)$,$(f_1 + f_2)e = f_1 e + f_2 e, f(e_1 + e_2) = fe_1 + fe_2, 1 \cdot e = e$,这里 $f_1, f_2, f \in F, e_1, e_2, e \in E$(由于 ef 未必属于 F,所以 $(F,+)$ 不能看成 E 上的线性空间). 若这个线性空间是 n 维的,则可任意取定一个基 $\alpha_1, \alpha_2, \cdots, \alpha_n$,它们都是 E 中的数,而且任一 $a \in E$ 必可唯一地表示为

$$a = a_1 \alpha_1 + a_2 \alpha_2 + \cdots + a_n \alpha_n$$

这里,所有表出系数 a_i 都是 F 中的数. 我们把 $\{\alpha_1, \alpha_2, \cdots, \alpha_n\}$ 称为域 E 中的一个 F-基,表示这个基与 F 有关. 此时,称 E 是 F 的 n 次扩域,记为 $[E:F] = n$. 有时,我们并不关心有限数 n 的确切数值,就可径直称 E 是 F 的有限扩域,用 $[E:F] < \infty$ 表示. 例如,$[\mathbf{Q}(\sqrt{2}):\mathbf{Q}] = 2$,因为 $\{1, \sqrt{2}\}$ 是它的一个 $\mathbf{Q}$-基. 注意,数集

$$F = \{a + b\sqrt{2} + c\sqrt{3} \mid a, b, c \in \mathbf{Q}\}$$

不是域,因为 $\sqrt{2} \times \sqrt{3} = \sqrt{6} \notin F$. 但是可以验证,数集

$$\mathbf{Q}(\sqrt{2}, \sqrt{3}) = \{a + b\sqrt{2} + c\sqrt{3} + d\sqrt{6} \mid a, b, c, d \in \mathbf{Q}\}$$

是 $\mathbf{Q}$ 的 4 次扩域,$\{1, \sqrt{2}, \sqrt{3}, \sqrt{6}\}$ 是一个 $\mathbf{Q}$-基.

我们考虑以下三个域

第 3 章 伽罗瓦扩域与伽罗瓦群

$$\mathbf{Q} \subsetneq \mathbf{Q}(\sqrt{2}) \subsetneq \mathbf{Q}(\sqrt{2},\sqrt{3})$$

因为

$$a + b\sqrt{2} + c\sqrt{3} + d\sqrt{6} = (a + b\sqrt{2}) + (c + d\sqrt{2})\sqrt{3}$$

所以 $[\mathbf{Q}(\sqrt{2},\sqrt{3}):\mathbf{Q}(\sqrt{2})] = 2$,$\{1,\sqrt{3}\}$ 是 $\mathbf{Q}(\sqrt{2},\sqrt{3})$ 中的一个 $\mathbf{Q}(\sqrt{2})$ - 基. 于是,我们得到一个等式

$$[\mathbf{Q}(\sqrt{2},\sqrt{3}):\mathbf{Q}] = [\mathbf{Q}(\sqrt{2},\sqrt{3}):\mathbf{Q}(\sqrt{2})][\mathbf{Q}(\sqrt{2}):\mathbf{Q}]$$

可以证明,这对任意扩域都是正确的.

定理 3.1 设 $F \subseteq E \subseteq K$ 是三个域. 若 $[K:F] < \infty$,则 $[K:E] < \infty$,$[E:F] < \infty$,且有次数等式

$$[K:F] = [K:E][E:F] \tag{1}$$

证 首先,由扩域次数的定义立刻可见,当 $[K:F] < \infty$ 时,必有 $[K:E] < \infty$,$[E:F] < \infty$. 设 $[K:E] = m$,$[E:F] = n$. 在 K 中任取一个 E - 基 $\{\alpha_1,\alpha_2,\cdots,\alpha_m\}$,在 E 中任取一个 F - 基 $\{\beta_1,\beta_2,\cdots,\beta_n\}$. 任取 $a \in K$,它必可表示为

$$a = \sum_{i=1}^{m} a_i \alpha_i, \ a_i \in E$$

但这些 a_i 又都可表示为

$$a_i = \sum_{j=1}^{n} b_{ij}\beta_j, \ b_{ij} \in F$$

于是

$$a = \sum_{i=1}^{m}\sum_{j=1}^{n} b_{ij}\beta_j\alpha_i, \ b_{ij} \in F$$

设另有

$$a = \sum_{i=1}^{m}\sum_{j=1}^{n} c_{ij}\beta_j\alpha_i, \ c_{ij} \in F$$

则
$$\sum_{i=1}^{m}\left[\sum_{j=1}^{n}(b_{ij}-c_{ij})\beta_j\right]\alpha_i=0$$
因为 $\{\alpha_1,\alpha_2,\cdots,\alpha_m\}$ 是 K 中的 E-基，0 的表示法仅有一种
$$0=0\cdot\alpha_1+0\cdot\alpha_2+\cdots+0\cdot\alpha_m$$
所以必有
$$\sum_{j=1}^{n}(b_{ij}-c_{ij})\beta_j=0,\ i=1,2,\cdots,m$$
再据 $\{\beta_1,\beta_2,\cdots,\beta_n\}$ 是 E 中的 F-基，立得
$$b_{ij}=c_{ij},\ i=1,2,\cdots,m;j=1,2,\cdots,n$$
这说明 K 中的任意数都可唯一地表示为 mn 个数 $\beta_j\alpha_i$ ($i=1,2,\cdots,m;j=1,2,\cdots,n$) 的线性组合，系数属于 F，所以 $\{\beta_j\alpha_i\mid j=1,2,\cdots,n;i=1,2,\cdots,m\}$ 是 K 中的 F-基. 式(1)得证.

下面我们要引进域的单代数扩域的概念，它在扩域理论中占有非常重要的地位. 设 F 是任一域. 考虑 F 上的一元多项式全体
$$F[x]=\{f(x)=a_0+a_1x+\cdots+a_nx^n\mid a_i\in F,n\text{ 是非负整数}\}$$
易见，它关于多项式的加法、减法和乘法是封闭的.

定义 3.1 称数 α 是域 F 上的代数元，如果在 $F[x]$ 中存在某个非零多项式 $f(x)$ 使 $f(\alpha)=0$，否则，称 α 是域 F 上的超越元.

由定义可见，任一 $f(x)\in F[x]$ 的根都是 F 上的代数元. 设 E 是域 F 的扩域. 若 α 是 F 上的代数元，则 α 是某个 $f(x)\in F[x]$ 的根，但 $f(x)$ 也是 $E[x]$ 中的多项

第3章 伽罗瓦扩域与伽罗瓦群

式,所以 α 也是 E 上的代数元. 例如 $\sqrt{-1}$ 是 $x^2+1=0$ 的根,所以 $\sqrt{-1}$ 既是 **Q** 上的代数元,又是 **R** 上的代数元. 但是, E 上的代数元未必是 F 上的代数元. 对于 F 中的任一数 α,因为它是 $x-\alpha \in F[x]$ 的根,所以 α 必是 F 上的代数元. 例如,圆周率 π 和自然对数的底 e 都是实数,且都是 **R** 上的代数元,但都是 **Q** 上的超越元,因为它们不可能是某个有理系数多项式的根. 这些事实告诉我们,代数元和超越元必须针对某个域而言,笼统地说某数是代数元或超越元是毫无意义的.

设 F 是域, α 是 F 上的代数元. 当然,在 $F[x]$ 中以 α 为根的多项式有无限多个,其中首项系数为 1 的次数最低者称为 α 在 F 上的最小多项式. 易见,它是唯一确定的,而且在 $F[x]$ 中不可约(在 F 的某个扩域中它可能是可约的). 把这个 α 添加到 F 上得到 F 的如下扩域

$$F(\alpha)=\left\{\frac{f(\alpha)}{g(\alpha)}\bigg| f(x),g(x)\in F[x],g(\alpha)\neq 0\right\}$$

它就是把 α 代入 F 上的所有有理分式 $\frac{f(x)}{g(x)}$ 后所得的全体数. 注意, $F(\alpha)$ 并不是 F 和单个元素 α 的集合并,而是按上述定义生成的一个域. 我们把 $F(\alpha)$ 称为 F 的单代数扩域,就是添加单个代数元所得的扩域. 例如, **C** 是 **R** 的单代数扩域

$$\mathbf{C}=\mathbf{R}(\sqrt{-1})=\{a+b\sqrt{-1}|a,b\in\mathbf{R}\}$$

事实上,利用 $(\sqrt{-1})^2=-1$ 可证,把任一复数 $a+b\sqrt{-1}$ 代入任一实系数多项式 $f(x)$,得到的仍是某个

95

复数 $a' + b'\sqrt{-1}$,而两个复数相除仍是复数,所以 **R** 的这个单代数扩域中的元素的形式是非常简单的. 易见,若 $\alpha \notin F$,则 $F(\alpha)$ 是 F 的真扩域;若 $\alpha \in F$,则据 F 是域即可证 $F(\alpha) = F$,所以实际上并没有扩大. 由此可知,$F(\alpha) = F$ 当且仅当 $\alpha \in F$. 这个事实以后常常要用到.

我们进一步考虑这样的问题:一般的单代数扩域 $F(\alpha)$ 中的数可写成怎样的形式?它是否会像在 $\mathbf{C} = \mathbf{R}(\sqrt{-1})$ 中所见的那样简单呢?我们有以下结果.

定理 3.2(单代数扩域结构定理) 设 α 是域 F 上的代数元,α 在 F 上的最小多项式为 $p(x)$,$\deg p(x) = n$,则

$$F(\alpha) = \left\{ \sum_{i=0}^{n-1} a_i \alpha^i \,\bigg|\, a_i \in F \right\}$$

且 $[F(\alpha):F] = n$. 此时称 α 是 F 上的 n 次代数元. 这说明 $F(\alpha)$ 中任一数都可写成系数属于 F 的 α 的多项式,且次数不超过 $n-1$.

证 首先,任取 $\dfrac{1}{g(\alpha)} \in F(\alpha)$,这里 $g(x) \in F[x]$,$g(\alpha) \neq 0$. 因为 $p(x)$ 是 $F[x]$ 中的不可约多项式,$g(\alpha) \neq 0$,$p(\alpha) = 0$,必有 $p(x) \nmid g(x)$,所以 $g(x)$ 与 $p(x)$ 必互素,即 $g(x)$ 和 $p(x)$ 的公因式必是 F 中的常数. 因此根据本章定理 1.1 知,必可求出 $u(x), v(x) \in F[x]$ 使 $g(x)u(x) + p(x)v(x) = 1$. 将 $x = \alpha$ 代入,由 $p(\alpha) = 0$ 得到 $g(\alpha)u(\alpha) = 1$,所以 $\dfrac{1}{g(\alpha)} = u(\alpha)$ 是 α 的

第3章 伽罗瓦扩域与伽罗瓦群

多项式. 其次, 任取 $\dfrac{f(\alpha)}{g(\alpha)} \in F(\alpha)$, 可设 $\dfrac{f(\alpha)}{g(\alpha)} = f(\alpha)u(\alpha)$. 由带余除法可设
$$f(x)u(x) = q(x)p(x) + r(x)$$
这里 $r(x) = 0$ 或 $0 \leqslant \deg r(x) < \deg p(x)$. 再利用 $p(\alpha) = 0$, 得 $f(\alpha)u(\alpha) = r(\alpha) = \sum\limits_{i=0}^{n-1} a_i \alpha^i, a_i \in F$.

要证 $[F(\alpha):F] = n$, 只要证明 $1, \alpha, \cdots, \alpha^{n-1}$ 是 $F(\alpha)$ 中的一个 F-基. 可表性前已证明, 再证表示法是唯一的. 设 $F(\alpha)$ 中的某数 x 有两种表示法
$$x = \sum_{i=0}^{n-1} a_i \alpha^i = \sum_{i=0}^{n-1} b_i \alpha^i, \quad a_i, b_i \in F$$
令 $c_i = a_i - b_i$, 就有 $\sum\limits_{i=0}^{n-1} c_i \alpha^i = 0$. 若存在某个系数 $c_i \neq 0$, 则 α 就是 $F[x]$ 中次数小于 n 的非零多项式 $\sum\limits_{i=0}^{n-1} c_i x^i$ 的根, 这与 $p(x)$ 是 α 在 F 上的 n 次最小多项式的假设矛盾, 所以, 所有 $c_i = 0, a_i = b_i$, 即表示法唯一.

既然在域 F 上添加一个代数元 α_1 可得到单代数扩域 $F(\alpha_1)$, 那么, 在 $F(\alpha_1)$ 上再添加一个 $F(\alpha_1)$ 上的代数元 α_2 又可得到 $F(\alpha_1)$ 的单代数扩域 $F(\alpha_1)(\alpha_2)$, 我们把它记为 $F(\alpha_1, \alpha_2)$ (在本节末将证这个 α_2 也是 F 上的代数元). 如此下去, 经 n 次后可得到 F 的扩域 $E = F(\alpha_1, \alpha_2, \cdots, \alpha_n)$, 每个 α_i 是 $F(\alpha_1, \alpha_2, \cdots, \alpha_{i-1})$ 上的代数元 (也是 F 上的代数元). 我们称这个 E 是 F 的有限次添加代数元扩域. 现在, 产生了一个问题: 对于给定的 F, 可以先添加 α_1, 再添

加 α_2,得到 $F(\alpha_1,\alpha_2)$,也可以先添加 α_2,再添加 α_1,得到 $F(\alpha_2,\alpha_1)$,那么这两个域是否相等呢?回答是必有等式

$$F(\alpha_1,\alpha_2) = F(\alpha_2,\alpha_1)$$

还可以这样来证明:由单代数扩域的定义,不难看出 $F(\alpha)$ 是包含 F 和 α 的最小域,$F(\alpha_1,\alpha_2)$ 和 $F(\alpha_2,\alpha_1)$ 都是包含 F,α_1 和 α_2 的最小域,所以它们一定相等,即这样扩域与添加元的添加次序无关. 推而广之,可证 $F(\alpha_1,\cdots,\alpha_n)$ 与 α_i 的添加次序无关

$$F(\alpha_1,\cdots,\alpha_n) = F(\alpha_{j_1},\cdots,\alpha_{j_n})$$

$j_1 j_2 \cdots j_n$ 是任一 n 阶排列,且此域中任一数必可写成 $\alpha_1,\cdots,\alpha_n$ 的有理函数,系数属于 F,即

$$F(\alpha_1,\cdots,\alpha_n) = \left\{ \frac{f(\alpha_1,\cdots,\alpha_n)}{g(\alpha_1,\cdots,\alpha_n)} \,\bigg|\, f(x_1,\cdots,x_n), g(x_1,\cdots,x_n) \in F[x_1,\cdots,x_n], g(\alpha_1,\cdots,\alpha_n) \neq 0 \right\}$$

其中 $F[x_1,\cdots,x_n]$ 表示系数属于 F 的 n 个变元 $x_1,\cdots,x_n$ 的多项式全体. 因为每个 $F(\alpha_1,\cdots,\alpha_i)$ 是 $F(\alpha_1,\cdots,\alpha_{i-1})$ 的有限扩域,所以应用定理 3.1 的次数等式,知 $E = F(\alpha_1,\cdots,\alpha_n)$ 必是 F 的有限扩域. 因此,有限次添加代数元扩域必是有限扩域. 进一步可证,反过来也真.

定理3.3 设 E 是 F 的有限扩域,则 E 必是 F 的有限次添加代数元扩域 $E = F(\alpha_1,\alpha_2,\cdots,\alpha_n)$,$\alpha_i$ 都是 F 上的代数元.

第3章 伽罗瓦扩域与伽罗瓦群

证 设$[E:F]=n$. 任取E中的一个F-基$\alpha_1,\alpha_2,\cdots,\alpha_n$,可以证明$E=F(\alpha_1,\alpha_2,\cdots,\alpha_n)$. 事实上,因为所有$\alpha_i\in E,F\subseteq E$,而$E$是域,所以$F(\alpha_1,\alpha_2,\cdots,\alpha_n)\subseteq E$. 反之,由基的定义知,任一$a\in E$必可写成

$$a=a_1\alpha_1+a_2\alpha_2+\cdots+a_n\alpha_n,a_i\in F$$

所以$a\in F(\alpha_1,\alpha_2,\cdots,\alpha_n)$,即$E\subseteq F(\alpha_1,\alpha_2,\cdots,\alpha_n)$. 于是,必有$E=F(\alpha_1,\alpha_2,\cdots,\alpha_n)$. 由$[E:F]=n$知,$E$的加法群看作$F$上的线性空间时其维数是$n$,所以对任一取定的$1\leqslant i\leqslant n,E$中$n+1$个数$1,\alpha_i,\alpha_i^2,\cdots,\alpha_i^n$必是$F$-线性相关的,即存在不全为0的$a_0,a_1,a_2,\cdots,a_n\in F$使

$$a_0+a_1\alpha_i+a_2\alpha_i^2+\cdots+a_n\alpha_i^n=0$$

于是α_i是$a_0+a_1x+a_2x^2+\cdots+a_nx^n\in F[x]$的根,$\alpha_i$是$F$上的代数元.

由以上论证可知,有限添加代数元扩域与有限扩域是一回事. 在下一节中我们将进一步证明,域F的任一有限扩域E必是单代数扩域$E=F(\beta)$,因此E中的任一数必是β的多项式,系数属于F. 这样,单代数扩域的重要性就显示出来了,何况它的结构又非常简单,元素都是一些多项式呢!

顺便提一下,若E是F的n次扩域,则任一$\alpha\in E$必是F上的代数元. 这是因为$1,\alpha,\alpha^2,\cdots,\alpha^n$这$n+1$个数必是$F$-线性相关的,所以$F$上有限添加代数元扩域$E=F(\alpha_1,\alpha_2,\cdots,\alpha_n)$中的每个$\alpha_i$都是$F$上的代数元.

在以下两节中,我们要讨论以伽罗瓦的名字命名的扩域和群. 伽罗瓦巧妙地把它们联系起来,把域的问

题变为群的问题,从而提供了解决五大难题的依据和途径.

§4 伽罗瓦扩域

天才数学家高斯在 22 岁时就证明了著名的代数学基本定理:"任意一个复系数多项式在复数域中必有根". 设 $f(x)$ 是 n 次多项式. 任取它的一个根 r_1,在复数域 $\mathbf{C}$ 上必有分解式 $f(x) = (x - r_1)g(x)$, $\deg g(x) = n - 1$;但 $g(x)$ 在 $\mathbf{C}$ 中也有根 r_2,它也是 $f(x)$ 的根,故有 $f(x) = (x - r_1)(x - r_2)h(x)$;如此下去,必可得 $f(x) = a(x - r_1)(x - r_2)\cdots(x - r_n)$,$a$ 是 $f(x)$ 的首项系数,所以 n 次多项式必有 n 个复数根.

例如

$$x^4 - 2 = (x - \sqrt[4]{2})(x + \sqrt[4]{2})(x - \sqrt[4]{2}\mathrm{i})(x + \sqrt[4]{2}\mathrm{i})$$

这里 $\mathrm{i} = \sqrt{-1}$,它有四个复数根 $\pm\sqrt[4]{2}$,$\pm\sqrt[4]{2}\mathrm{i}$. 不难想象,对于一个特定的多项式 $f(x)$ 来说,可能存在比复数域 $\mathbf{C}$ 小得多的子域 F 已经包含了 $f(x)$ 的所有根,如果一律放在 $\mathbf{C}$ 中考虑就显得浪费了,而且也显示不出 $f(x)$ 的特性. 例如,在 $\mathbf{C}$ 的真子域 $\mathbf{Q}(\sqrt[4]{2}, \sqrt[4]{2}\mathrm{i})$ 中已经包含了 $x^4 - 2$ 的四个根(包含 $\sqrt[4]{2}$ 和 $\sqrt[4]{2}\mathrm{i}$,必包含相反数 $-\sqrt[4]{2}$ 和 $-\sqrt[4]{2}\mathrm{i}$). 进一步,任意一个包含 $x^4 - 2$ 的所有根的域必定包含 $\mathbf{Q}$ 和 $\pm\sqrt[4]{2}$,$\pm\sqrt[4]{2}\mathrm{i}$,因而必定是

$\mathbf{Q}(\sqrt[4]{2},\sqrt[4]{2}i)$ 的扩域. 所以 $\mathbf{Q}(\sqrt[4]{2},\sqrt[4]{2}i)$ 是包含 x^4-2 的所有根的最小域. 同理, 包含 x^2+1 的所有根的最小域是 $\mathbf{Q}(\sqrt{-1})$, 它也是复数域 $\mathbf{C}=\mathbf{R}(\sqrt{-1})$ 的真子域.

定义 4.1 设 $f(x)$ 是系数属于域 F 的多项式. F 的包含 $f(x)$ 的所有根的最小扩域 E 称为 $f(x)$ 在 F 上的分裂域.

这里"分裂"的含义指的是 $f(x)$ 能在这个域中分解成一次因子的乘积. 关于多项式的分裂域, 我们要强调指出以下两点. 首先, 对于给定的 $f(x)\in F[x]$, 尽管它的根 $r_1,r_2,\cdots,r_n$ 未必知道, 但总是客观存在的, 而且都是 F 上的代数元. 把它们统统加到域 F 上, 得到 F 的有限添加代数元扩域 $E=F(r_1,r_2,\cdots,r_n)$, 它也是客观存在的域, 而且是 F 的有限扩域. 我们应该承认客观存在的东西, 即使它是未知的, 这丝毫也不影响我们做理论上的推导, 从而得出正确的结论. 易见, 把 $f(x)\in F[x]$ 的所有根添加到 F 上去所得到的域 E 就是 $f(x)$ 在 F 上的分裂域. 因此, 有时候也把分裂域称为根域. 其次, 若 $f(x)\in F[x]$, F' 是 F 的扩域, 当然有 $f(x)\in F'[x]$. 若 $f(x)$ 的全体根为 $r_1,r_2,\cdots,r_n$, 则 $f(x)$ 在 F 上的分裂域为 $F(r_1,r_2,\cdots,r_n)$. 同一个 $f(x)$ 在 F' 上的分裂域为 $F'(r_1,r_2,\cdots,r_n)$. 一般来说, 这两个域未必相等: $F(r_1,r_2,\cdots,r_n)\subseteq F'(r_1,r_2,\cdots,r_n)$. 因此, 说到分裂域, 应明确指明是在哪个域上的分裂域, 仅说 $f(x)$ 的分裂域是没有意义的. 例如, x^4-2 既可看成是 $\mathbf{Q}$ 上的多项式, 又可看成是 $\mathbf{R}$ 上和 $\mathbf{C}$ 上的多项式, 它

在 **Q** 上的分裂域是 $\mathbf{Q}(\sqrt[4]{2}, \sqrt[4]{2}\,\mathrm{i})$. 因为 $\sqrt[4]{2}$ 是实数, 而 $\mathbf{R}(\sqrt[4]{2}) = \mathbf{R}$, 所以它在 **R** 上的分裂域是 $\mathbf{R}(\sqrt[4]{2}, \sqrt[4]{2}\,\mathrm{i}) = \mathbf{R}(\sqrt[4]{2}\,\mathrm{i})$, 它在 **C** 上的分裂域就是 **C** 本身.

下面我们给出分裂域的重要例子.

例 1 $f(x) = x^n - 1$ 可以看成任一域 F 上的多项式. 它的任一根称为 n 次单位根. 易见, 有且仅有 n 个两两不同的 n 次单位根

$$\omega_k = \cos k\theta + \sqrt{-1}\sin k\theta$$

这里, $\theta = \dfrac{2\pi}{n}, k = 1, 2, \cdots, n$, 它们是单位圆周上的 n 个等分点(图 8).

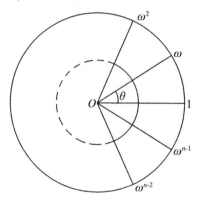

图 8

用复数的棣莫弗(De Moivre, 1667—1754)公式易得

$$\omega_k = (\cos\theta + \sqrt{-1}\sin\theta)^k = \omega_1^k$$

所以 n 个 n 次单位根恰成一个 n 阶循环群

$$U_n = \langle \omega_1 \rangle$$

第3章 伽罗瓦扩域与伽罗瓦群

称为 n 次单位根群. 例如

$$U_3 = \left\{1, \frac{-1+\sqrt{-3}}{2}, \frac{-1-\sqrt{-3}}{2}\right\}$$

$$= \left\langle \frac{-1+\sqrt{-3}}{2} \right\rangle = \left\langle \frac{-1-\sqrt{-3}}{2} \right\rangle$$

$$U_4 = \{1, \sqrt{-1}, -1, -\sqrt{-1}\}$$

$$= \langle \sqrt{-1} \rangle = \langle -\sqrt{-1} \rangle$$

因为每个根 $\omega_k = \omega_1^k$,所以 $x^n - 1$ 在 F 上的分裂域就是 $E = F(\omega_1)$,它是 F 的单代数扩域. 当然,这种添加元不一定是唯一的,循环群 U_n 中的任一生成元都可作为此单代数扩域的添加元. n 阶循环群 $U_n = \langle \omega_1 \rangle$ 中的某元 ω_1^k 是生成元,当且仅当它是 n 阶元,当且仅当 $(k, n) = 1$,即 k 与 n 互素,它们的最大公因数是 1. 这种阶是 n 的 n 次单位根称为 n 次本原根,共有 $\varphi(n)$ 个. 若 p 是素数,任一不是 1 的 p 次单位根必是 p 次本原根. 例如,3 个 3 次单位根 1,$-\frac{1}{2} + \frac{\sqrt{-3}}{2}$, $-\frac{1}{2} - \frac{\sqrt{-3}}{2}$ 中,有且仅有 2 个 3 次本原根 $-\frac{1}{2} \pm \frac{\sqrt{-3}}{2}$;4 个 4 次单位根 $\pm 1, \pm\sqrt{-1}$ 中仅有 2 个 4 次本原根 $\pm\sqrt{-1}$,而 -1 是 2 阶元,因而是 2 次本原根. 由此可得结论:$f(x) = x^n - 1$ 在任一域 F 上的分裂域必是单代数扩域 $E = F(\omega)$,这里 ω 是任一 n 次本原根. 现在讨论扩域次数 $[E:F]$. 因为

$$x^n - 1 = (x-1)(x^{n-1} + x^{n-2} + \cdots + x + 1)$$

任一 n 次本原根 ω 必是 $g(x) = x^{n-1} + x^{n-2} + \cdots + x + 1$ 的根. 由于 $g(x)$ 在 $F[x]$ 中未必是不可约的, 因而未必是 ω 在 F 上的最小多项式, 所以 $[F(\omega):F] \leq n-1$, 其中等号未必成立. 例如

$$x^4 - 1 = (x-1)(x+1)(x^2+1)$$

任取 4 次本原根 i, 就有 $[F(i):F] = 2 < 3$. 若取系数域为有理数域 $\mathbf{Q}$, 则可断定 $[\mathbf{Q}(\omega):\mathbf{Q}] = \varphi(n)$, 这里 ω 是任一 n 次本原根. 其根据是, 可以证明, 由 $\varphi(n)$ 个 n 次本原根 (不妨设为 $\omega_1, \omega_2, \cdots, \omega_{\varphi(n)}$) 确定的 $\varphi(n)$ 次多项式

$$\Phi_n(x) = \prod_{i=1}^{\varphi(n)} (x - \omega_i)$$

必是 $\mathbf{Q}$ 上的不可约多项式, 而且它就是任一 n 次本原根在 $\mathbf{Q}$ 上的最小多项式 (证明略). 特别地, 对素数 p 次本原根 ω 必有 $[\mathbf{Q}(\omega):\mathbf{Q}] = \varphi(p) = p-1$.

例 2 设 a 是某域 F 中取定的一个数, 则可验证 $f(x) = x^n - a$ 的 n 个根是

$$\sqrt[n]{a}, \omega \cdot \sqrt[n]{a}, \omega^2 \cdot \sqrt[n]{a}, \cdots, \omega^{n-1} \cdot \sqrt[n]{a}$$

这里 ω 是任一 n 次本原根. 因此, $f(x)$ 在 F 上的分裂域为

$$F(\sqrt[n]{a}, \omega \cdot \sqrt[n]{a}, \omega^2 \cdot \sqrt[n]{a}, \cdots, \omega^{n-1} \cdot \sqrt[n]{a}) = F(\sqrt[n]{a}, \omega)$$

这个等式可以这样来证明: 因为右边这个域包含了 $\sqrt[n]{a}$ 和 ω, 由域中的乘法封闭性知, 它必包含所有根 $\omega^i \cdot \sqrt[n]{a}(i=0,1,\cdots,n-1)$, 因而包含左边这个域. 反之, 因为左边这个域包含 $\sqrt[n]{a}$ 和 $\omega \cdot \sqrt[n]{a}$, 所以必包含 $\dfrac{\omega \cdot \sqrt[n]{a}}{\sqrt[n]{a}} =$

ω,因而包含右边这个域. 因此,这两个域相等.

利用分裂域的概念可以证明如下重要而又漂亮的结论.

定理 4.1 域 F 的任一有限扩域 E 必是单代数扩域.

证 先考虑添加两个代数元的情形. 设 $E = F(\alpha, \beta)$,F 上的代数元 α 和 β 在 F 上的最小多项式分别是 $f(x)$ 和 $g(x)$. 考虑它们的乘积多项式 $f(x)g(x)$ 在 E 上的分裂域 K,则在 $K[x]$ 中有

$$f(x) = (x-\alpha_1)(x-\alpha_2)\cdots(x-\alpha_m), \quad \alpha_1 = \alpha, \forall \alpha_i \in K$$
$$g(x) = (x-\beta_1)(x-\beta_2)\cdots(x-\beta_n), \quad \beta_1 = \beta, \forall \beta_i \in K$$

在 F 中任意取定某个非零数 d 使

$$d \neq \frac{\alpha - \alpha_i}{\beta_j - \beta}, \forall i = 2,\cdots,m; \forall j = 2,\cdots,n \quad (1)$$

易见,右边这种复数最多有 $(m-1)(n-1)$ 个,而 F 是无限域,所以这种 d 必可取到(尽可能取 $d = 1$). 令

$$\theta = \alpha + d\beta$$

则由 d 的取法知

$$\alpha_i + d\beta_j \neq \theta,\ \theta - d\beta_j \neq \alpha_i, \forall i = 2,\cdots,m; \forall j = 2,\cdots,n$$

现在可以证明 $F(\alpha,\beta) = F(\theta)$. 首先,由 $\theta = \alpha + d\beta$ 和 $d \in F$ 知,$F(\theta) \subseteq F(\alpha,\beta)$. 为了证明反向包含关系也成立,我们考虑系数在域 $F(\theta)$ 中的多项式

$$h(x) = f(\theta - dx) \in F(\theta)[x]$$

这里 $f(\theta - dx)$ 表示把 $f(x)$ 中的变量 x 统统换成 $\theta - dx$ 得到的新多项式,那么有

$$h(\beta) = f(\theta - d\beta) = f(\alpha) = 0$$

这说明 β 是 $g(x)$ 和 $h(x)$ 的公共根. 进一步, 对 $g(x)$ 的其他根 $\beta_2,\cdots,\beta_n$, 有
$$h(\beta_j) = f(\theta - d\beta_j)$$
但已知 $\alpha_1,\alpha_2,\cdots,\alpha_m$ 是 $f(x)$ 的仅有的根, 且 $\theta - d\beta_j$ 与任一 α_i 都不等, 所以 $h(\beta_j) \neq 0, 2 \leq j \leq n$. 这说明 β 是 $g(x)$ 和 $h(x)$ 唯一的公共根, $x-\beta$ 就是 $g(x)$ 和 $h(x)$ 的最高公因式. 我们回忆一下在 §1 中所讲的多项式的带余除法. 设 $g(x) = q(x)h(x) + r(x)$. 因为 $g(x)$ 和 $h(x)$ 的公共系数域是 $F(\theta)$, 所以 $q(x)$ 和 $r(x)$ 也是 $F(\theta)$ 上的多项式, 而 $g(x)$ 和 $h(x)$ 的最高公因式是用辗转相除法求得的, 所以 $x-\beta$ 的系数必定属于公共的系数域 $F(\theta)$, 这说明 $\beta \in F(\theta)$, 所以
$$\alpha = \theta - d\beta \in F(\theta)$$
又有 $F(\alpha,\beta) \subseteq F(\theta)$. 于是
$$F(\alpha,\beta) = F(\theta) = F(\alpha + d\beta)$$
既然两个添加元能换成一个, 则
$$F(\alpha,\beta,\gamma) = F(\alpha,\beta)(\gamma) = F(\theta)(\gamma)$$
$$= F(\theta,\gamma) = F(\delta)$$

更一般地, F 的有限扩域 E 必是有限添加代数元扩域 $E = F(\alpha_1,\alpha_2,\cdots,\alpha_n)$, 因而必是单代数扩域 $E = F(\beta)$.

这就告诉我们一个很有趣的事实: 若对 α 和 β 能取到 $d = 1$ (这在很多情况下可以取到), 则必有 $F(\alpha,\beta) = F(\alpha + \beta)$. 例如, $\mathbf{Q}(\sqrt{2},\sqrt{3}) = \mathbf{Q}(\sqrt{2}+\sqrt{3})$, 这只要验证一下取 $d=1$ 必能满足条件式(1)即可.

根据这个定理可立刻推得: 任一 $f(x) \in F[x]$ 在 F

第 3 章 伽罗瓦扩域与伽罗瓦群

上的分裂域 E 必是 F 的单代数扩域

$$E = F(r_1, r_2, \cdots, r_n) = F(\alpha)$$

尽管这个 α 可能很难具体找出来,但是这个结论已经令人非常满意了!

多项式的分裂域有个很奇特的性质,就是它有某种"正规性".

定义 4.2 设 K 是 F 的有限扩域. 如果 K 满足以下条件:$F[x]$ 中的任一 n 次不可约多项式,或者在 K 中无根,或者 n 个根都在 K 中,则称 K 是 F 的正规扩域.

满足这种古怪条件的扩域的确是大量存在的. 我们先仿照群的同构来定义域的同构. 设 F_1 和 F_2 是两个域. 若存在 F_1 到 F_2 的双射 σ,满足

$$(a+b)^\sigma = a^\sigma + b^\sigma, \quad (ab)^\sigma = a^\sigma b^\sigma, \quad \forall a, b \in F_1$$

则称 σ 是 F_1 到 F_2 的同构满射. 此时称 F_1 和 F_2 是同构的域,记为 $F_1 \stackrel{\sigma}{\cong} F_2$,同时有 $F_2 \stackrel{\sigma^{-1}}{\cong} F_1$,这里 σ^{-1} 是双射 σ 的逆映射:$\sigma\sigma^{-1} = 1_{F_1}, \sigma^{-1}\sigma = 1_{F_2}$. 如果不关心是哪个 σ 时,就记为 $F_1 \cong F_2, F_2 \cong F_1$. 例如,$\mathbf{Q}$ 的以下两个单代数扩域

$$\mathbf{Q}(\sqrt[4]{2}) = \{a + b\sqrt[4]{2} \mid a, b \in \mathbf{Q}\}$$

与

$$\mathbf{Q}(\mathrm{i}\sqrt[4]{2}) = \{a + b\mathrm{i}\sqrt[4]{2} \mid a, b \in \mathbf{Q}\}$$

是同构的,同构映射可取为

$$\sigma: a + b\sqrt[4]{2} \to a + b\mathrm{i}\sqrt[4]{2}$$

(读者自己可验证一下). 一般地,若 $g(x)$ 是某域 F 上

的 n 次不可约多项式，α 和 β 是 $g(x)$ 的两个根，则

$$F(\alpha) = \Big\{ \sum_{i=0}^{n-1} a_i \alpha^i \,\Big|\, a_i \in F \Big\}$$

与

$$F(\beta) = \Big\{ \sum_{i=0}^{n-1} a_i \beta^i \,\Big|\, a_i \in F \Big\}$$

必是同构的单代数扩域，同构映射可取为

$$\sigma : \sum_{i=0}^{n-1} a_i \alpha^i \to \sum_{i=0}^{n-1} a_i \beta^i, \ \forall\, a_i \in F \quad (2)$$

现在可以证明如下定理.

定理 4.2 任一 $f(x) \in F[x]$ 在 F 上的分裂域 E 必是 F 的正规扩域.

证 可设 $E = F(\alpha_1, \alpha_2, \cdots, \alpha_n)$，这里 $f(\alpha_i) = 0$. 若 $g(x)$ 是 $F[x]$ 中的某个不可约多项式，已知它有某个根 $\alpha \in E$. 任取 $g(x)$ 的根 β，要证 $\beta \in E$. 由 $\alpha \in E$ 知，$f(x)$ 在 $F(\alpha)$ 上的分裂域是

$$F(\alpha)(\alpha_1, \cdots, \alpha_n) = F(\alpha_1, \cdots, \alpha_n)(\alpha) = E(\alpha) = E$$

而 $f(x)$ 在 $F(\beta)$ 上的分裂域

$$F(\beta)(\alpha_1, \cdots, \alpha_n) = F(\alpha_1, \cdots, \alpha_n)(\beta) = E(\beta)$$

前已说明 $F(\alpha) \stackrel{\sigma}{\cong} F(\beta)$，$\sigma$ 如式（2）所示. 因为同一个多项式在同构的域上的分裂域必是同构的（证明略），所以 $E(\beta) \stackrel{\tau}{\cong} E$，而且 $\tau \big|_{F(\alpha)} = \sigma$，这说明域 $E(\beta)$ 的加法群和域 E 的加法群之间存在一个双射 τ. 因为这两个加法群都是 F 上的有限维线性空间，而且由 $\tau \big|_{F(\alpha)} = \sigma$ 和式（2）知 τ 限制在 F 上必是恒等变换，因

第 3 章 伽罗瓦扩域与伽罗瓦群

此这个 τ 也是这两个线性空间的同构. 因为同构的线性空间的维数一定相等, 所以 $[E(\beta):F]=[E:F]$. 但 $F \subseteq E \subseteq E(\beta)$, 所以必有 $E(\beta)=E, \beta \in E$. 这就证明了 E 是 F 的正规扩域.

定义 4.3 域 F 的任一有限正规扩域 K 称为 F 的伽罗瓦扩域.

因此, 任一多项式在系数域 F 上的分裂域必是伽罗瓦扩域, 任一伽罗瓦扩域必是单代数扩域. 伽罗瓦扩域是伽罗瓦理论的主要研究对象之一.

设 $E=F(\alpha_1,\alpha_2,\cdots,\alpha_n)$ 是 F 的任一有限扩域. 一般说来, E 未必是 F 的正规扩域. 能否把 E 扩大成 F 的某个正规扩域呢? 设 α_i 在 F 上的最小多项式是 $g_i(x), i=1,2,\cdots,n$. 令

$$f(x)=g_1(x)g_2(x)\cdots g_n(x)$$

则这个 $f(x)$ 在 F 上的分裂域 K 必是 F 的正规扩域. 可以证明, 用这种办法构造出来的扩域 K 必是 F 的包含 E 的最小正规扩域. 首先, 由所有的 $\alpha_i \in K$ 知 $E \subseteq K$. 其次, 任取 F 的包含 E 的正规扩域 K', 既然 K' 包含了 $g_i(x)$ 的一个根 α_i(因为 $\alpha_i \in E$), 由正规性知, 它必包含 $g_i(x)$ ($i=1,2,\cdots,n$) 的所有根, 所以 K' 必包含 $f(x)$ 在 F 上的分裂域 K. 我们把这种 K 称为 E 的正规闭包. 毫无疑问, 这种正规闭包是客观存在的, 它就是上述 $f(x)$ 在 F 上的分裂域. 还有, 若

$$E=F(\alpha_1,\alpha_2,\cdots,\alpha_n)=F(\beta_1,\beta_2,\cdots,\beta_m)$$

则由这两个不同的添加元组 $\{\alpha_1,\alpha_2,\cdots,\alpha_n\}$ 和 $\{\beta_1,\beta_2,\cdots,\beta_m\}$ 所确定的两个正规闭包虽然未必相同, 但必

是同构的(证明略).

最后说明一下以后经常要引用的两个事实. 首先, 设 $E = F(\alpha_1, \alpha_2, \cdots, \alpha_n)$ 是 F 的任一伽罗瓦扩域, α_i 在 F 上的最小多项式是 $g_i(x)$ $(i = 1, 2, \cdots, n)$. 既然 E 是 F 的正规扩域, $\alpha_i \in E$, 那么 $g_i(x)$ 的所有根都属于 E. 因此, E 就是 $f(x) = g_1(x) g_2(x) \cdots g_n(x)$ 在 F 上的分裂域. 这说明 F 的任一伽罗瓦扩域必是某个 $f(x) \in F[x]$ 在 F 上的分裂域. 其次, 设给定三个域

$$F \subseteq K \subseteq E$$

若 E 是 F 的伽罗瓦扩域, 则 E 必是某个 $f(x) \in F[x]$ 在 F 上的分裂域. 当然, 这个 $f(x)$ 也可看成是 $K[x]$ 中的元素, 但已知 $f(x)$ 的所有根都在 E 中, 所以由分裂域的定义知, $f(x)$ 在 K 上的分裂域仍然是这个 E, 这说明 E 也是 K 的伽罗瓦扩域. 但一般说来, K 未必是 F 的伽罗瓦扩域, 因为它未必是 F 的正规扩域.

§5 伽罗瓦群

从本节起, 我们把 E 是域 F 的扩域这一件事简记为 E/F, 这个记号丝毫没有相除的含义. 例如, **R/Q**, **C/R**, **C/Q** 等都表示扩域. 域 E 到 E 自身的同构满射称为 E 的自同构. 因为群的自同构必把单位元变为单位元, 所以域的自同构必把 $(E, +)$ 的单位元 0 变为 0, $(E^*, \cdot)$ 的单位元 1 变为 1, 因而保持整数不变, 保持

第3章 伽罗瓦扩域与伽罗瓦群

一切有理数不变. 这说明任一域 E 的任一自同构 σ 限制在有理数域 $\mathbf{Q}$ 上必是恒等变换, 即 $\sigma\big|_{\mathbf{Q}}=1_{\mathbf{Q}}$. 现在要证明, 域 E 的自同构全体关于变换的乘法成群. 设 σ 和 τ 是 E 中的两个自同构, 则对任意 $a,b\in E$, 有

$$(a+b)^{\sigma}=a^{\sigma}+b^{\sigma},\ (ab)^{\sigma}=a^{\sigma}b^{\sigma}$$
$$(a+b)^{\tau}=a^{\tau}+b^{\tau},\ (ab)^{\tau}=a^{\tau}b^{\tau}$$

于是根据变换乘法的定义知, 对任意 $a,b\in E$ 有

$$(a+b)^{\sigma\tau}=(a^{\sigma}+b^{\sigma})^{\tau}=a^{\sigma\tau}+b^{\sigma\tau}$$
$$(ab)^{\sigma\tau}=(a^{\sigma}b^{\sigma})^{\tau}=a^{\sigma\tau}b^{\sigma\tau}$$

即 $\sigma\tau$ 也是 E 的自同构. 考虑 σ 的逆变换 σ^{-1}. 记 $a^{\sigma}=\bar{a}$, 则 $\bar{a}^{\sigma^{-1}}=a$. 任取 $\bar{a},\bar{b}\in E$, 可设 $\bar{a}=a^{\sigma},\bar{b}=b^{\sigma}$, 则 $a=\bar{a}^{\sigma^{-1}},b=\bar{b}^{\sigma^{-1}}$. 于是根据

$$\bar{a}+\bar{b}=a^{\sigma}+b^{\sigma}=(a+b)^{\sigma},\ \bar{a}\,\bar{b}=a^{\sigma}b^{\sigma}=(ab)^{\sigma}$$

得

$$(\bar{a}+\bar{b})^{\sigma^{-1}}=a+b=\bar{a}^{\sigma^{-1}}+\bar{b}^{\sigma^{-1}}$$
$$(\bar{a}\,\bar{b})^{\sigma^{-1}}=ab=\bar{a}^{\sigma^{-1}}\bar{b}^{\sigma^{-1}}$$

所以 σ^{-1} 也是 E 的自同构. 这样就证明了 E 的自同构全体关于变换乘法成群, 称为 E 的自同构群, 记为 Aut E. 这个群是集合 E 上的变换群 T 的子群. 伽罗瓦理论的妙处就在于考虑如下面所说的一些特殊自同构. 设 E 是域 F 的扩域, 考虑如下的自同构集合

$$\text{Gal } E/F=\{\sigma\,|\,\sigma\in\text{Aut } E, a^{\sigma}=a, \forall\, a\in F\}$$

其中每一个 σ 都不改变 F 中的任意数, 即 $\sigma\big|_{F}=1_{F}$. 仍据子群判别定理, 可证 Gal E/F 是 Aut E 的子群, 称为扩域 E/F 的伽罗瓦群. 这里的 Gal 就是 Galois 的前

三个字母,不妨读作"伽罗瓦". 在 Gal E/F 中,每个自同构都保持 F 中的数不变,故又可称为 F - 自同构,所以 Gal E/F 是由 E 中 F - 自同构全体所成的群.

我们的目标是研究多项式,因此,还要定义多项式的伽罗瓦群. 设 F 是任一域, $f(x) \in F[x]$, $f(x)$ 在 F 上的分裂域是 E, 则把群 Gal E/F 定义为 $f(x)$ 在 F 上的伽罗瓦群,并记为 G_f. 这种由某个多项式 $f(x)$ 确定的伽罗瓦群有一个非常重要而又非常简单的性质:任一 $\sigma \in G_f = $ Gal E/F 必把 $f(x)$ 的根变为根. 事实上,设
$$f(x) = a_0 + a_1 x + \cdots + a_n x^n,\ a_i \in F$$
任取 $f(x)$ 的一个根 α, 则 $\alpha \in E$, 且
$$a_0 + a_1 \alpha + \cdots + a_n \alpha^n = 0$$
任取 $\sigma \in $ Gal E/F. 因为 σ 是域的自同构,且不改变所有的系数 a_i, 所以必有
$$a_0 + a_1 \alpha^\sigma + \cdots + a_n (\alpha^\sigma)^n = 0$$
这说明 α^σ 也是 $f(x)$ 的根. 伽罗瓦也许是由于想到了这一点,才取得了巨大的成功! 有时就可利用这一事实确定某些扩域的伽罗瓦群.

例1 设 $E = F(u), u \notin F, u^2 = a \in F$. 易见, $\{1, u\}$ 是 E 中一个 F - 基, E 中任一数必可写成 $b + cu$, 其中 $b, c \in F$. 因为 $\pm u$ 是 $f(x) = x^2 - a$ 的仅有的两个根,所以 $E = F(u)$ 就是 $f(x) = x^2 - a \in F[x]$ 在 F 上的分裂域. 任取 $\sigma \in $ Gal E/F. 因为 σ 必把 $f(x)$ 的根变为根: $u \to \pm u$, 所以 Gal E/F 中只有两个元素:一个是恒等变换,另一个就是
$$\sigma: b + cu \to b - cu,\ b, c \in F$$

所以 Gal E/F 是 2 阶群 $\langle\sigma\rangle$.

例 2 $E = \mathbf{Q}(\sqrt{2},\sqrt{3})$. 易见 E 是
$$f(x) = (x^2 - 2)(x^2 - 3)$$
在 $\mathbf{Q}$ 上的分裂域. 于是
$$[E:\mathbf{Q}] = [\mathbf{Q}(\sqrt{2},\sqrt{3}):\mathbf{Q}(\sqrt{2})][\mathbf{Q}(\sqrt{2}):\mathbf{Q}]$$
$$= 2 \times 2 = 4$$

$f(x)$ 的 4 个根为 $\pm\sqrt{2}$, $\pm\sqrt{3}$. 任取 $\sigma \in \mathrm{Gal}\, E/\mathbf{Q}$, 它必把 $f(x)$ 的根变为根. 因为 $\pm\sqrt{2}$ 是 $g(x) = x^2 - 2$ 的根, $g(x)$ 的系数也在 σ 之下不变, σ 必把 $g(x)$ 的根变为根. 同理, σ 必把 $h(x) = x^2 - 3$ 的根变为根. 所以 Gal $E/\mathbf{Q}$ 由 4 个元素所组成, 我们用表说明如下

	σ_1	σ_2	σ_3	σ_4
$\sqrt{2} \to$	$\sqrt{2}$	$\sqrt{2}$	$-\sqrt{2}$	$-\sqrt{2}$
$-\sqrt{2} \to$	$-\sqrt{2}$	$-\sqrt{2}$	$\sqrt{2}$	$\sqrt{2}$
$\sqrt{3} \to$	$\sqrt{3}$	$-\sqrt{3}$	$\sqrt{3}$	$-\sqrt{3}$
$-\sqrt{3} \to$	$-\sqrt{3}$	$\sqrt{3}$	$-\sqrt{3}$	$\sqrt{3}$

若把 $f(x)$ 的根 $\sqrt{2}$, $-\sqrt{2}$, $\sqrt{3}$, $-\sqrt{3}$ 依次标为 1, 2, 3, 4, 则 σ_1 就是恒等变换 (1), σ_2 是对换 $(3\ 4)$, σ_3 是 $(1\ 2)$, σ_4 是 $(1\ 2)(3\ 4)$, 所以 Gal $E/\mathbf{Q}$ 就是 S_4 的子群
$$\{(1),(1\ 2),(3\ 4),(1\ 2)(3\ 4)\}$$
可证这个群同构于克莱因四元群 K_4.

这个例子已经把多项式 $f(x)$ 的伽罗瓦群与 $f(x)$ 的根的集合上的置换联系起来了, 这一点非常重要! 另外, 它还提醒我们: E 中把 $f(x)$ 的根变为根的变换

未必是伽罗瓦群中的元素. 事实上, 设 E 中某个变换把 $f(x) = (x^2-2)(x^2-3)$ 的根 $\sqrt{2}$ 变为 $\sqrt{3}$, 如果它是自同构的话, 那么必定把 $2 = (\sqrt{2})^2$ 变为 $(\sqrt{3})^2 = 3$, 但这是不可能的, 因为自同构不改变任一有理数.

例3 求 $f(x) = x^4 - 2$ 在 $\mathbf{Q}$ 上的伽罗瓦群. 前已提到 $f(x)$ 在 $\mathbf{Q}$ 上的分裂域是 $E = \mathbf{Q}(\sqrt[4]{2}, i \cdot \sqrt[4]{2})$, 这里 $i = \sqrt{-1}$ 是 4 次本原根. 于是

$$[E:\mathbf{Q}] = [\mathbf{Q}(\sqrt[4]{2}, i \cdot \sqrt[4]{2}) : \mathbf{Q}(\sqrt[4]{2})][\mathbf{Q}(\sqrt[4]{2}) : \mathbf{Q}]$$
$$= 2 \times 4 = 8$$

为书写简单起见, 记 $\lambda = \sqrt[4]{2}$, 则 $f(x)$ 的 4 个根为 $\pm\lambda, \pm i\lambda$. 根据把根变为根的性质, 可知 G_f 由以下 8 个元素构成

	σ_1	σ_2	σ_3	σ_4	σ_5	σ_6	σ_7	σ_8
$\lambda \to$	λ	λ	$-\lambda$	$-\lambda$	$i\lambda$	$i\lambda$	$-i\lambda$	$-i\lambda$
$-\lambda \to$	$-\lambda$	$-\lambda$	λ	λ	$-i\lambda$	$-i\lambda$	$i\lambda$	$i\lambda$
$i\lambda \to$	$i\lambda$	$-i\lambda$	$i\lambda$	$-i\lambda$	λ	$-\lambda$	λ	$-\lambda$
$-i\lambda \to$	$-i\lambda$	$i\lambda$	$-i\lambda$	$i\lambda$	$-\lambda$	λ	$-\lambda$	λ

(1)

有兴趣的读者可以验证一下这 8 个变换的确成群.

从上面 3 个例子中, 我们发现了一个有趣的事实, 即群 $\mathrm{Gal}\, E/F$ 的阶数恰巧就是扩域的次数 $[E:F]$. 实际上, 对于多项式的伽罗瓦群来说, 这总是成立的, 即有如下定理.

定理 5.1 设 $f(x) \in F[x]$ 在 F 上的分裂域是 E, 则

$|\mathrm{Gal}\ E/F| = [E:F]$

证 记 $G = \mathrm{Gal}\ E/F$, $[E:F] = m$, 根据定理 4.1 知必存在 $\alpha \in E$ 使

$$E = F(\alpha) = \left\{\sum_{i=0}^{m-1} a_i \alpha^i \,\middle|\, a_i \in F\right\}$$

设 α 在 F 上的最小多项式是 $g(x)$, 则 $g(x)$ 是 m 次不可约多项式, 因而一定没有重根 (因为 $(g(x), g'(x)) = 1$). 设它的 m 个根为 $\alpha_1 = \alpha, \alpha_2, \cdots, \alpha_m$.

首先, 对任意取定的根 α_j, $1 \leq j \leq m$, 变换

$$\sigma_j : \sum_{i=0}^{m-1} a_i \alpha^i \to \sum_{i=0}^{m-1} a_i \alpha_j^i, \forall a_i \in F$$

显然是 E 中的 F-自同构, 所以 $\sigma_j \in G$, 它把 α 变为 α_j. 因为 $\sigma_1, \sigma_2, \cdots, \sigma_m$ 两两互异, 所以 $|G| \geq m$. 进一步, 任取 $\sigma \in G$, 因为 σ 不改变 F 中的数且把 $f(x)$ 的根 α 变为某个根 α_j, 所以 σ 必是上述某个 σ_j. 于是证得 $G = \{\sigma_1, \sigma_2, \cdots, \sigma_m\}$, 故 $|G| = m$.

下面我们要进一步弄清楚多项式的伽罗瓦群与它的根集上的置换群究竟有什么关系. 设 F 是任一域, $f(x) \in F[x]$. 一般来说, 在 $F[x]$ 中, $f(x)$ 可分解为若干个两两不同的不可约多项式 $p_i(x)$ 的乘积

$$f(x) = p_1^{e_1}(x) p_2^{e_2}(x) \cdots p_n^{e_n}(x)$$

其中自然数 $e_i \geq 1$, 即 $f(x)$ 可能有重根, 但是对应的

$$f_0(x) = p_1(x) p_2(x) \cdots p_n(x)$$

却没有重根, 而且 $f(x)$ 和 $f_0(x)$ 有相同的根, 只不过重数不同罢了! 所以 $f(x)$ 和 $f_0(x)$ 在 F 上的分裂域相同, 它们的伽罗瓦群也是相同的. 这件事情告诉我们,

只要讨论无重根多项式的伽罗瓦群就行了!

设 $f(x)$ 是 $F[x]$ 中的 n 次无重根多项式,它的根集记为
$$R = \{r_1, r_2, \cdots, r_n\}$$
任取 $\sigma \in G_f = \mathrm{Gal}\, E/F$,这里 E 是 $f(x)$ 在 F 上的分裂域. 因为 σ 把 $f(x)$ 的根变为根,所以可设
$$r_i^\sigma = r_{j_i}, \quad i = 1, 2, \cdots, n$$
这里下标写成 j_i 表示它与 i 有关,$1 \leq j_i \leq n$. 考虑由根的下标组成的 n 元集 $S = \{1, 2, \cdots, n\}$. 每一 $\sigma \in G_f$ 可决定 S 上的一个置换
$$\sigma\big|_R = \begin{pmatrix} 1 \cdots i \cdots n \\ j_1 \cdots j_i \cdots j_n \end{pmatrix} \in S$$
这里 $\sigma\big|_R$ 表示 E 中的自同构 σ 限制在根集 R 上考虑. 当然有 $R \subseteq E$,所以 σ 在 R 中有定义. 考虑由这种方法确定的 G_f 到 S_n 的映射
$$\eta : \sigma \to \sigma\big|_R, \quad \forall \sigma \in G_f$$
显然,不同的 σ 决定不同的 $\sigma\big|_R$,所以 η 是单射. 任取 $\sigma, \tau \in G_f$. 设 $r_i^\sigma = r_{j_i}, r_i^\tau = r_{k_i}$,则
$$r_i^{\sigma\tau} = (r_i^\sigma)^\tau = (r_{j_i})^\tau = r_{k_{j_i}}, \quad i = 1, 2, \cdots, n$$
另一方面,对应的两个置换 $\sigma\big|_R$ 与 $\tau\big|_R$ 相乘也有
$$\begin{pmatrix} 1 \cdots i \cdots n \\ j_1 \cdots j_i \cdots j_n \end{pmatrix} \begin{pmatrix} j_1 \cdots j_i \cdots j_n \\ k_{j_1} \cdots k_{j_i} \cdots k_{j_n} \end{pmatrix} = \begin{pmatrix} 1 \cdots i \cdots n \\ k_{j_1} \cdots k_{j_i} \cdots k_{j_n} \end{pmatrix}$$
即 $\sigma\big|_R \cdot \tau\big|_R = \sigma\tau\big|_R$,所以 η 是群同构映射,当然它未

第 3 章 伽罗瓦扩域与伽罗瓦群

必是满射,这就证明了如下定理.

定理 5.2 设 $f(x)$ 是 $F[x]$ 中的 n 次无重根多项式,则 $f(x)$ 在 F 上的伽罗瓦群 G_f 同构于 n 次对称群 S_n 的某个子群.

例如,在例 1 中,$x^2-a \in F[x]$ 在 F 上的伽罗瓦群恰好同构于 S_2. 在例 2 中,$(x^2-2)(x^2-3)$ 在 **Q** 上的伽罗瓦群同构于 S_4 的子群

$$\{(1),(1\ 2),(3\ 4),(1\ 2)(3\ 4)\}$$

现在要问:$f(x)=x^4-2$ 在 **Q** 上的伽罗瓦群 G_f 又同构于 S_4 的哪一个子群呢? 它的伽罗瓦群已如表(1)所示. 若把 $f(x)$ 的 4 个根 $\lambda,-\lambda,\mathrm{i}\lambda,-\mathrm{i}\lambda$ 依次记为 1,2,3,4,则由表(1)不难看出,G_f 中 8 个元素与 S_4 中一部分元素之间可有如下的对应关系

σ_1	σ_2	σ_3	σ_4	σ_5
↕	↕	↕	↕	↕
(1)	(3 4)	(1 2)	(1 2)(3 4)	(1 3)(2 4)

σ_6	σ_7	σ_8
↕	↕	↕
(1 3 2 4)	(1 4 2 3)	(1 4)(2 3)

它们的确构成 S_4 的子群. 这个群的几何意义是明显的. 作正方形,4 个顶点的编号如图 9 所示,则上述 8 个置换恰是保持正方形平面位置不变,仅变动顶点的全体置换. 例如,以对角线 1—2 为轴的翻转就是对换(3 4),以 1—3 的中点与 2—4 的中点的连线为轴的翻转就是(1 3)(2 4),将正方形逆时针转 90°就是(1 3 2 4)等.

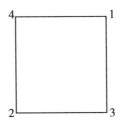

图9

要确定数字系数代数方程的伽罗瓦群,往往是一件困难而又烦琐的事情.虽然存在一些方法,但因为实用意义不大,而且它与我们在本书中所要解决的问题关系不大,所以我们就不做进一步介绍了,读者也不必花过多的时间去研究它.

现在要问:什么样的 n 次多项式,它的伽罗瓦群恰为 n 次对称群 S_n 呢?我们要寻找的是如下的一般代数方程

$$f(x) = a_0 x^n + a_1 x^{n-1} + \cdots + a_{n-1} x + a_n = 0$$

的求根公式,这里的"一般"两字指的是它的所有系数 a_i 都不是具体的数字,而是可取任意值的变元或字母.例如 $ax^2 + bx + c = 0$ 的求根公式是 $x = \dfrac{-b \pm \sqrt{b^2 - 4ac}}{2a}$,这里 a,b,c 都是字母.若有一个具体的二次方程,例如 $x^2 + x + 1 = 0$,则可用 $a = b = c = 1$ 代入即得 $x = \dfrac{-1 \pm \sqrt{-3}}{2}$.既然系数都是一些变元,习惯上我们用 t 表示,即我们讨论如下的一般多项式

$$f(x) = x^n - t_1 x^{n-1} + t_2 x^{n-2} + \cdots + (-1)^k t_k x^{n-k} + \cdots + (-1)^n t_n \qquad (2)$$

第 3 章 伽罗瓦扩域与伽罗瓦群

的伽罗瓦群. 这里, 首项系数指定是 1, 这丝毫不影响 n 次一般多项式的伽罗瓦群. 在其他系数前冠以正负号则纯粹是为了讨论的方便, 在以后的讨论过程中读者自然会领会其用意. 说到这里, 细心的读者可能会产生一个疑问: 既然 $f(x)$ 的系数不是一些具体的数, 那么它的系数域是什么呢? 我们的回答是域 $F = \mathbf{Q}(t_1, t_2, \cdots, t_n)$, 它就是在有理数域 $\mathbf{Q}$ 上添加变元 t_1, $t_2, \cdots, t_n$ 所得的有理分式域 (见 §1 末). 但是, 前面所讲的扩域都是在某个数域上添加若干个代数元所得的数域, 而那些变元 t_i 不可能是有理系数多项式的根, 一定不是 $\mathbf{Q}$ 上的代数元, 那么, 这又做何理解呢? 关于这一点, 限于篇幅, 我们不准备做进一步解释了. 设形如式 (2) 的 n 次一般多项式 $f(x)$ 的 n 个根是 $x_1, x_2, \cdots, x_n$, 则有

$$f(x) = (x - x_1)(x - x_2)\cdots(x - x_n) \qquad (3)$$

比较 (2)(3) 两式中的 x 的同次项的系数, 且注意到式 (2) 中各个系数前的正负号, 可得 n 个变量的韦达公式: $t_1, t_2, \cdots, t_n$ 恰好是 $x_1, x_2, \cdots, x_n$ 的 n 个初等对称多项式

$$t_1 = \sum x_i = x_1 + x_2 + \cdots + x_n$$

$$t_2 = \sum_{1 \leqslant i_1 < i_2 \leqslant n} x_{i_1} x_{i_2} = x_1 x_2 + \cdots + x_1 x_n + x_2 x_3 + \cdots + x_{n-1} x_n$$

$$\vdots$$

$$t_k = \sum_{1 \leqslant i_1 < i_2 < \cdots < i_k \leqslant n} x_{i_1} x_{i_2} \cdots x_{i_k} \qquad (4)$$

$$\vdots$$

$$t_n = x_1 x_2 \cdots x_n$$

这里，t_k 是所有可能的 k 个 x_i 的乘积之和，不过这 k 个 x 的下标必须满足 $1 \leq i_1 < i_2 < \cdots < i_k \leq n$ (见 §1). 于是 $f(x)$ 在 F 上的分裂域为

$$E = F(x_1, \cdots, x_n)$$
$$= \mathbf{Q}(t_1, \cdots, t_n)(x_1, \cdots, x_n)$$
$$= \mathbf{Q}(x_1, \cdots, x_n)$$

最后一个等号成立，是因为据式 (4) 可知，每个 t_k 都在 $\mathbf{Q}(x_1, \cdots, x_n)$ 之中. 根据伽罗瓦群的定义知，$f(x)$ 在 F 上的伽罗瓦群是

$$G = \operatorname{Gal} \mathbf{Q}(x_1, \cdots, x_n)/\mathbf{Q}(t_1, \cdots, t_n) \quad (5)$$

任取 $\sigma \in G$, 则 σ 不变 $f(x)$ 的系数 $t_1, \cdots, t_n$, 因而把 $f(x)$ 的根 x_i 变为 x_{j_i}, 所以 σ 在 $f(x)$ 的根集 $R = \{x_1, \cdots, x_n\}$ 上诱导出一个置换 $\sigma' = \sigma\big|_R \in S_n$. 反之，任取

$$\sigma' = \begin{pmatrix} 1 \cdots i \cdots n \\ j_1 \cdots j_i \cdots j_n \end{pmatrix} \in S_n$$

考虑按如下规定

$$\begin{cases} x_i \to x_{j_i}, i = 1, 2, \cdots, n, \ j_i = j^{\sigma'} \\ r \to r, \forall r \in \mathbf{Q} \end{cases}$$

所确定的 $\mathbf{Q}(x_1, \cdots, x_n)$ 的自同构 σ, 即

$$\frac{f(x_1, \cdots, x_i, \cdots, x_n)}{g(x_1, \cdots, x_i, \cdots, x_n)} \xrightarrow{\sigma} \frac{f(x_{j_1}, \cdots, x_{j_i}, \cdots, x_{j_n})}{g(x_{j_1}, \cdots, x_{j_i}, \cdots, x_{j_n})}$$

即 σ 不变 f 和 g 的系数，把 x_i 变为 x_{j_i}, 且保持域中的运算. 可以证明 $\sigma \in G$. 事实上，按 σ 的构造方法知 σ 不变任一有理数. 因为任一 t_k 是 $x_1, \cdots, x_n$ 的初等对称

多项式,系数都是 1,所以任一 t_k 必在 σ' 之下不变. 再据 $\sigma' = \sigma\big|_R$,而 R 是 $f(x)$ 的根集,知 t_k 必在 σ 之下不变,所以 $\sigma \in \mathrm{Gal}\ \mathbf{Q}(x_1,\cdots,x_n)/\mathbf{Q}(t_1,\cdots,t_n) = G$. 既然,任一 $\sigma \in G$ 必诱导出某个 $\sigma' = \sigma\big|_R \in S_n$,根据任一 $\sigma' \in S_n$ 又可构造出某个 $\sigma \in G$ 使 $\sigma\big|_R = \sigma'$,且 $\sigma \to \sigma'$ 是 G 到 S_n 的同构满射,这就得到了我们盼望已久的结论.

定理 5.3 n 次一般多项式的伽罗瓦群同构于 n 次对称群 S_n.

因为当 $n \geq 5$ 时,S_n 不是可解群,所以次数高于四的一般多项式的伽罗瓦群不是可解群. 这个结论非常重要,是使伽罗瓦理论获得巨大成功的关键所在.

§6 基 本 定 理

学习好比登山. 学到这里,读者可能感到有些累了,不妨稍做休整,回忆一下伽罗瓦扩域和伽罗瓦群的概念和主要结果,然后准备攀登伽罗瓦理论的顶峰——伽罗瓦扩域基本定理. 可以这样说,整个伽罗瓦理论的核心就是这个基本定理. 学完了这一节,你就渡过了主要难关,剩下的仅是一些应用了!

在上一节中已经说过,对域 E 的任一子域 F 可唯

一确定 E 的自同构群 Aut E 的一个子群

$$\text{Gal } E/F = \{\eta \mid \eta \in \text{Aut } E, a^\eta = a, \forall a \in F\}$$

它就是扩域 E/F 的伽罗瓦群. 把 E 的子域全体记为 $\widetilde{F}$, Aut E 的子群全体记为 $\widetilde{G}$, 这样就产生了一个从 $\widetilde{F}$ 到 $\widetilde{G}$ 的映射

$$\sigma: F \to \text{Gal } E/F$$

我们把这一件事用下图表示

$$\begin{array}{ccc} E & \supseteq & F \\ & & \sigma \downarrow \\ \text{Aut } E & \geqslant & \text{Gal } E/F \end{array}$$

反过来, 设 E 是任一给定的域. 对 Aut E 的任一子群 G, 可确定 E 的如下一个子集

$$\text{Inv } G = \{a \mid a \in E, a^\eta = a, \forall \eta \in G\}$$

它由所有在 G 中任一元素之下都不变值的 E 中的数组成. 因为两个不变数的和、差、积以及非零不变数的倒数仍是不变数, 所以 Inv G 是 E 的子域, 称为 G 的不变子域. 这样又可产生一个从 $\widetilde{G}$ 到 $\widetilde{F}$ 的映射

$$\tau: G \to \text{Inv } G$$

这也可用下图表示

$$\begin{array}{ccc} E & \supseteq & \text{Inv } G \\ & & \tau \uparrow \\ \text{Aut } E & \geqslant & G \end{array}$$

我们把 σ 和 τ 称为两个伽罗瓦映射.

人们很自然地会提出如下问题: 给定 E 的子域 F, 可得到 Aut E 的子群 $G = \text{Gal } E/F$, 对于这个子群 G, 又

第3章 伽罗瓦扩域与伽罗瓦群

可得到 E 的子域 $F' = \mathrm{Inv}\, G = \mathrm{Inv}(\mathrm{Gal}\, E/F)$,那么 F 和 F' 之间有什么关系?类似地可问:给定 $\mathrm{Aut}\, E$ 的子群 G,可得到 E 的子域 $F = \mathrm{Inv}\, G$,对于这个子域 F,又可得到 $\mathrm{Aut}\, E$ 的子群 $G' = \mathrm{Gal}\, E/F = \mathrm{Gal}(E/\mathrm{Inv}\, G)$. G 和 G' 有什么关系?一些初步的结论如下.

定理6.1 伽罗瓦映射有如下基本性质:

(Ⅰ) $\mathrm{Inv}(\mathrm{Gal}\, E/F) \supseteq F$;

(Ⅱ) 若 $F_1 \supseteq F_2$,则 $\mathrm{Gal}\, E/F_1 \subseteq \mathrm{Gal}\, E/F_2$;

(Ⅲ) $\mathrm{Gal}(E/\mathrm{Inv}\, G) \supseteq G$;

(Ⅳ) 若 $G_1 \supseteq G_2$,则 $\mathrm{Inv}\, G_1 \subseteq \mathrm{Inv}\, G_2$.

这里 F_1,F_2 和 F 都是 E 的子域,G_1,G_2 和 G 都是 $\mathrm{Aut}\, E$ 的子群.

证 (Ⅰ) 任取 $a \in F$. 由 $\mathrm{Gal}\, E/F$ 的定义知 a 必在 $\mathrm{Gal}\, E/F$ 中任一元素之下不变,所以 a 必属于 $\mathrm{Gal}\, E/F$ 的不变子域 $\mathrm{Inv}(\mathrm{Gal}\, E/F)$.

(Ⅱ) 任取 $\eta \in \mathrm{Gal}\, E/F_1$. η 不变 F_1 中的所有数,当然不变 F_2 中的所有数,所以 $\eta \in \mathrm{Gal}\, E/F_2$.

(Ⅲ) 任取 $\eta \in G$. 由 $\mathrm{Inv}\, G$ 的定义知 η 不改变子域 $\mathrm{Inv}\, G$ 中的任一数,所以 $\eta \in \mathrm{Gal}(E/\mathrm{Inv}\, G)$.

(Ⅳ) 任取 $a \in \mathrm{Inv}\, G_1$. a 在 G_1 中的任一元素之下不变,当然在 G_2 中的任一元素之下不变,所以 $a \in \mathrm{Inv}\, G_2$.

要记住这四个基本性质并不困难,但是对于我们要解决的问题来说,还需要进一步弄清楚:(Ⅰ) 和 (Ⅲ) 中的等式何时成立?(Ⅱ) 和 (Ⅳ) 的逆命题何时成立?我们有如下定理.

定理 6.2 设 $E/F, E/F_1$ 和 E/F_2 都是伽罗瓦扩域,则:

(1) $\mathrm{Inv}(\mathrm{Gal}\ E/F) = F$;

(2) $F_1 \supseteq F_2 \Leftrightarrow \mathrm{Gal}\ E/F_1 \subseteq \mathrm{Gal}\ E/F_2$.

证 (1) 记 $G = \mathrm{Gal}\ E/F, F' = \mathrm{Inv}\ G$,要证 $F' = F$. 首先,由基本性质(Ⅰ)知 $F' \supseteq F$,对此再用基本性质(Ⅱ)得

$$\mathrm{Gal}\ E/F' \subseteq \mathrm{Gal}\ E/F = G$$

但是另一方面由基本性质(Ⅲ)又得

$$\mathrm{Gal}\ E/F' = \mathrm{Gal}(E/\mathrm{Inv}\ G) \supseteq G$$

所以

$$\mathrm{Gal}\ E/F' = G = \mathrm{Gal}\ E/F \qquad (1)$$

因为 E/F 是伽罗瓦扩域,$F \subseteq F' \subseteq E$,所以 E/F' 也是伽罗瓦扩域,这一点在 §4 末已证明过了. 根据定理 5.1 得

$$|\mathrm{Gal}\ E/F| = [E:F], \quad |\mathrm{Gal}\ E/F'| = [E:F']$$

再由式(1)得 $[E:F] = [E:F']$. 于是对 $F \subseteq F' \subseteq E$ 运用次数公式立得

$$[F':F] = 1, \quad F' = F$$

(2) 必要性就是基本性质(Ⅱ),再证充分性. 设

$$\mathrm{Gal}\ E/F_1 \subseteq \mathrm{Gal}\ E/F_2$$

由基本性质(Ⅳ)知

$$\mathrm{Inv}(\mathrm{Gal}\ E/F_1) \supseteq \mathrm{Inv}(\mathrm{Gal}\ E/F_2)$$

但 $E/F_1, E/F_2$ 都是伽罗瓦扩域,所以由第一个结论立得 $F_1 \supseteq F_2$.

这个定理是沿着子域—子群—子域的路线进行

的. 反之,沿着子群—子域—子群这一路线也可得到平行的结论. 不过我们先要证明一个引理,它是以近代最伟大的代数学家之一阿廷的名字命名的.

引理 6.1(阿廷) 设 E 是任一域,G 是 Aut E 的任一有限子群,F = Inv G,则

$$[E:F] \leq |G|$$

证 设 $G = \{\eta_1, \eta_2, \cdots, \eta_n\}$,其中 $\eta_1 = 1$ 是恒等自同构. 若能够证明 E 中任意 m 个数 $u_1, u_2, \cdots, u_m$,只要 $m > n$,必定 F -线性相关,则 E 的加法群 $(E, +)$ 作为子域 F 上的线性空间,其维数不会超过 $n = |G|$,于是 $[E:F] \leq n$. 记 u_j 在 η_i 下的象是 $a_{ij} = u_j^{\eta_i}, i = 1, 2, \cdots, n; j = 1, 2, \cdots, m$. 考虑如下包含 n 个方程和 m 个变量的齐次线性方程组

$$\begin{cases} a_{11}x_1 + a_{12}x_2 + \cdots + a_{1m}x_m = 0 \\ a_{21}x_1 + a_{22}x_2 + \cdots + a_{2m}x_m = 0 \\ \vdots \\ a_{n1}x_1 + a_{n2}x_2 + \cdots + a_{nm}x_m = 0 \end{cases} \quad (2)$$

我们把它缩写成

$$\sum_{j=1}^m a_{ij}x_j = 0, \ i = 1, 2, \cdots, n$$

因为变量个数 m 大于方程个数 n,必有 $m - n$ 个自由变量可任意取值,所以(2)必有非零解,解的每一个分量都是 E 中的数. 若能够证明存在某个非零解 $\boldsymbol{b} = (b_1, b_2, \cdots, b_m)$,其中每个分量 b_j 都是子域 F 中的数,则由(2)中的第一个方程(注意到 $a_{1j} = u_j^{\eta_1} = u_j$)可得

$$u_1b_1 + u_2b_2 + \cdots + u_mb_m = 0$$

这正好说明 $u_1, u_2, \cdots, u_m$ 是 F-线性相关的,引理就可得证.

我们这样取定(2)的某个非零解 $\boldsymbol{b} = (b_1, b_2, \cdots, b_m)$,使得其中所出现的不是 0 的分量 b_j 的个数最少. 这种解尽管难以具体确定,但确实是客观存在的,而且有无限多个. 对于理论证明来说,这个存在性已经足够了. 进一步,还可假设其中 $b_1 = 1$,否则的话,可适当调整 x_j 的下标使 $b_1 \neq 0$,再把解 $\boldsymbol{b}$ 的每个分量都除以 b_1 得到的仍是(2)的解,且 $b_1 = 1$. 这样,我们就可取定(2)的某个非零解

$$\boldsymbol{b} = (1, b_2, \cdots, b_m) \tag{3}$$

它是非零分量个数最少的一个解. 下面证明这个解中每个分量必定都是 F 中的数. 用反证法,如果式(3)中存在某个 b_j,例如 $b_2 \notin F$,因为 F 由所有在 G 之下不变的那些数所组成,既然 b_2 不在 F 中,则至少存在一个 $\eta_k \in G$ 使 $b_2^{\eta_k} \neq b_2$. 就把这个域的同构 η_k 作用到等式组

$$\sum_{j=1}^m a_{ij}b_j = 0, \ i = 1, 2, \cdots, n$$

上得到

$$\sum_{j=1}^m a_{ij}^{\eta_k} b_j^{\eta_k} = 0, \ i = 1, 2, \cdots, n \tag{4}$$

这里 $a_{ij}^{\eta_k} = u_j^{\eta_j\eta_k}$. 但 G 是一个有限群,由群中的消去律成立知,以下两个集合是相等的

$$\{\eta_1\eta_k, \eta_2\eta_k, \cdots, \eta_n\eta_k\} = \{\eta_1, \eta_2, \cdots, \eta_n\}$$

经过适当重排(4)中等式的编号 i(这相当于重排(2)中各方程的位置),可得

$$\sum_{j=1}^{m} a_{lj} b_j^{\eta_k} = 0, \ l = 1, 2, \cdots, n$$

这说明

$$b^{\eta_k} = (b_1^{\eta_k}, b_2^{\eta_k}, \cdots, b_m^{\eta_k}) \qquad (5)$$

也是原方程组(2)的解,且 $b_1^{\eta_k} = 1^{\eta_k} = 1$. 把(3)和(5)这两个解相减得到的仍是解

$$\boldsymbol{b}' = (0, b_2', \cdots, b_m')$$

其中 $b_j' = b_j - b_j^{\eta_k}$, $j = 2, \cdots, m$. 因为 $b_2' = b_2 - b_2^{\eta_k} \neq 0$,所以 $\boldsymbol{b}'$ 是(2)的非零解. 若原来某个 $b_j = 0$,则仍有 $b_j' = 0$. 所以 $\boldsymbol{b}'$ 与 $\boldsymbol{b}$ 相比较,所出现的非零分量个数至少减少一个,这与 $\boldsymbol{b}$ 的选择矛盾. 这就证明了 $\boldsymbol{b}$ 中各分量都属于 F,且 $u_1, \cdots, u_m$ 是 F-线性相关的,所以 $[E: F] \leq n$.

根据阿廷引理可以证明与定理 6.2 平行的一个结论.

定理 6.3 设 E 是域, G, G_1 和 G_2 是 Aut E 的有限子群,则:

(1) Gal(E/Inv G) = G;

(2) $G_1 \supseteq G_2 \Leftrightarrow$ Inv $G_1 \subseteq$ Inv G_2.

证 (1) 记 $F = $ Inv G, $G' = $ Gal E/F,要证 $G' = G$. 若我们能够证明 E/F 是伽罗瓦扩域,则必有

$$|G'| = |\text{Gal } E/F| = [E: F]$$

再由引理知 $[E: F] \leq |G|$,所以 $|G'| \leq |G|$. 但是基本性质(Ⅲ)又告诉我们 $G' \supseteq G$,且都是有限群,所以必有 $G' = G$.

现在我们就来证明 E 是 F 的有限正规扩域. 由引理知 E 是 F 的有限扩域. 再证正规性. 设 $p(x)$ 是 $F[x]$ 中的某个不可约多项式, 不失一般性, 可设它的首项系数是 1. 如果它有某个根 $r \in E$, 要证它的所有根都属于 E. 设

$$G = \{\eta_1, \eta_2, \cdots, \eta_n\}, \quad \eta_1 = 1$$

记 $r^{\eta_i} = r_i, i = 1, 2, \cdots, n$, 必有 $r_1 = r$. 这 n 个 r_i 中可能有相同的, 去掉那些重复的, 不妨设前 m 个 r_i 两两不同, $m \leqslant n$, 则

$$g(x) = \prod_{i=1}^{m}(x - r_i)$$

就是 m 次无重根多项式. 因为所有 $r_i \in E$, 所以 $g(x)$ 的系数都属于 E. 我们要证明 $g(x)$ 的系数都属于 F(但这并不要求所有的 r_i 都属于 F). 我们知道 $F = \text{Inv } G$ 这件事情说明 E 中某数属于 F 当且仅当它在 G 中任一元素之下不变. 现在任取 $\eta \in G$, 规定 $x^\eta = x$, 这是为了把域 E 的自同构 η 扩展成 $E[x]$ 中的自同构, 就是保持多项式加法和乘法的双射, 我们仍用 η 表示它, 则

$$(g(x))^\eta = \prod_{i=1}^{m}(x - r_i^\eta)$$

因为 η 是双射, 且任一 $r_i^\eta = r^{\eta_i \eta}$ ($1 \leqslant i \leqslant n$) 仍是 r_1, $r_2, \cdots, r_m$ 这 m 个数中的某一个, 且两两不同, 所以以下两个集合相等

$$\{r_1, r_2, \cdots, r_m\} = \{r_1^\eta, r_2^\eta, \cdots, r_m^\eta\}$$

于是

$$(g(x))^\eta = \prod_{i=1}^{m}(x - r_i) = g(x)$$

这说明 $g(x)$ 的系数在任一 $\eta \in G$ 之下不变,所以 $g(x) \in F[x]$.

因为 $p(x) \in F[x]$,而 $F = \text{Inv } G$,所以对任一 $1 \leq i \leq m$ 有
$$p(r_i) = p(r^{\eta_i}) = (p(r))^{\eta_i} = 0$$
这说明 $g(x)$ 的任一根必是 $p(x)$ 的根.已知 $g(x)$ 无重根,所以在 $F[x]$ 中 $g(x)$ 必整除 $p(x)$.又已知 $p(x)$ 在 $F[x]$ 中不可约,只好 $g(x) = p(x)$,这说明 $p(x)$ 的根就是那些 $r_1, r_2, \cdots, r_m$,且都在 E 中,于是 E 是 F 的正规扩域.

(2)必要性就是基本性质(Ⅳ),再证充分性.设 $\text{Inv } G_1 \subseteq \text{Inv } G_2$.由基本性质(Ⅱ)知
$$\text{Gal}(E/\text{Inv } G_1) \supseteq \text{Gal}(E/\text{Inv } G_2)$$
但 G_1 和 G_2 都是 $\text{Aut } E$ 的有限子群,所以由第一个结论即得 $G_1 \supseteq G_2$.

据此,可以得到一个很实用的推论.

推论 设 E 是域,G 是 $\text{Aut } E$ 的有限子群,则 E 必是 $\text{Inv } G$ 的伽罗瓦扩域.

现在我们可以讲伽罗瓦扩域的基本定理了.取定某个伽罗瓦扩域 E/F,记 $G = \text{Gal } E/F$.考虑以下两个集合
$$S_1 = \{H \mid H \text{ 是 } G \text{ 的子群}\}$$
$$S_2 = \{K \mid K \text{ 是 } E \text{ 的包含 } F \text{ 的子域}\}$$
伽罗瓦把这两个互不相干的集合联系起来,很巧妙地在这两者之间建立了某种一一对应关系,这就深入到事物的本质中去了,取得了惊人的成功.利用这种具有

很好性质的对应关系,他建立了一些判别准则,这些判别准则可用来判别一个代数方程能否用根号求解和某些平面几何图形能否限用圆规直尺有限次作出.

定理 6.4(基本定理) 设 E/F 是伽罗瓦扩域,$G = \mathrm{Gal}\, E/F$. 则有如下结论:

(1) $H \xrightarrow{\sigma} \mathrm{Inv}\, H$ 是 S_1 到 S_2 的双射,$K \xrightarrow{\tau} \mathrm{Gal}\, E/K$ 是 S_2 到 S_1 的双射.

(2) S_1 与 S_2 之间存在如下伽罗瓦对应:

① $H_1 \supseteq H_2 \Leftrightarrow \mathrm{Inv}\, H_1 \subseteq \mathrm{Inv}\, H_2$;

② $|H| = [E:\mathrm{Inv}\, H]$,$[G:H] = [\mathrm{Inv}\, H:F]$;

③ H 是 G 的正规子群 $\Leftrightarrow \mathrm{Inv}\, H$ 是 F 的正规扩域,此时 $\mathrm{Inv}\, H/F$ 必是伽罗瓦扩域,且

$$\mathrm{Gal}(\mathrm{Inv}\, H/F) \cong G/H \tag{6}$$

上述主要内容可用图示意如下

$$F \subseteq \mathrm{Inv}\, H = K \subseteq E$$

$$\Big\uparrow \sigma \quad \Big\downarrow \tau$$

$$G \geqslant H = \mathrm{Gal}\, E/K \geqslant 1$$

这种伽罗瓦对应图含义清楚,容易记忆,所以非常实用.

证 (1) 先证 σ 是双射. 任取 $K \in S_2$,即 $F \subseteq K \subseteq E$. 因为 E/F 是伽罗瓦扩域,所以 E/K 也是伽罗瓦扩域. 令 $H = \mathrm{Gal}\, E/K$. 因为 E 中的 K-自同构必是 F-自同构,所以 H 是 G 的子群,即 $H \in S_1$. 于是由定理 6.2 知

$$\mathrm{Inv}\, H = \mathrm{Inv}(\mathrm{Gal}\, E/K) = K$$

第3章 伽罗瓦扩域与伽罗瓦群

所以 σ 是满射. 设对 G 的两个子群 H_1 和 H_2 有
$$\text{Inv } H_1 = \text{Inv } H_2$$
则由定理 6.3 知
$$H_1 = \text{Gal } E/\text{Inv } H_1 = \text{Gal } E/\text{Inv } H_2 = H_2$$
于是证得 σ 是双射. 再证 τ 是双射. 任取 $H \in S_1$. 令 $K = \text{Inv } H$,它当然是 E 的子域. 因为 F 中的数在 G 之下不变,而 H 是 G 的子群,当然在 H 之下不变,所以 $F \subseteq K$,$K \in S_2$. 于是由定理 6.3 得
$$\text{Gal } E/K = \text{Gal } E/\text{Inv } H = H$$
这说明 τ 是满射. 如果对 $K_1, K_2 \in S_2$ 有
$$\text{Gal } E/K_1 = \text{Gal } E/K_2$$
因为 E/F 是伽罗瓦扩域,所以 E/K_1 和 E/K_2 都是伽罗瓦扩域. 由定理 6.2 得
$$K_1 = \text{Inv}(\text{Gal } E/K_1) = \text{Inv}(\text{Gal } E/K_2) = K_2$$
于是证得 τ 是双射.

(2)①因为 H_1 和 H_2 都是 G 的有限子群,所以由定理 6.3 的结论(2)知
$$H_1 \supseteq H_2 \Leftrightarrow \text{Inv } H_1 \subseteq \text{Inv } H_2$$
②设 H 是 G 的子群. 记 $K = \text{Inv } H$. 由定理 6.3 得
$$\text{Gal } E/K = \text{Gal } E/\text{Inv } H = H$$
对伽罗瓦扩域 E/K 和 E/F 利用定理 5.1 依次得到
$$|H| = |\text{Gal } E/K| = [E:K] = [E:\text{Inv } H]$$
$$|G| = |\text{Gal } E/F| = [E:F] = [E:\text{Inv } H][\text{Inv } H:F]$$
$$= |H| \cdot [\text{Inv } H:F]$$
但由拉格朗日定理知 $|G| = |H| \cdot [G:H]$,所以
$$[G:H] = [\text{Inv } H:F]$$

③为了引用方便起见,我们先证明以下事实. 设 H 是 $G = \text{Gal } E/F$ 的任一子群. 取 $K = \text{Inv } H$,则 $F \subseteq K \subseteq E$. 对任一取定的 $\eta \in G$,可确定 E 的一个子集
$$K^\eta = \{k^\eta \mid k \in K\}$$
它是 K 中所有数在 η 之下的象的全体. 要证 K^η 是域,为此,任取 $k_1^\eta, k_2^\eta \in K^\eta$. 由 K 是域和 η 是自同构知
$$k_1^\eta \pm k_2^\eta = (k_1 \pm k_2)^\eta$$
$$k_1^\eta \cdot k_2^\eta = (k_1 \cdot k_2)^\eta$$
$$(k_1^\eta)^{-1} = (k_1^{-1})^\eta$$
仍都是 K^η 中的数,所以 K^η 是 E 的子域. 再由 F 中的数在 η 之下不变知 $F \subseteq K^\eta \subseteq E$. 可以证明
$$H \triangleleft G \Leftrightarrow K^\eta = K, \forall \eta \in G \qquad (7)$$

设 H 是 G 的正规子群,则对任一确定的 $\eta \in G$,有 $\eta H = H \eta$. 这说明对任一 $\xi \in H$,必存在 $\xi' \in H$ 使得 $\eta \xi = \xi' \eta$,所以注意到 $K = \text{Inv } H$,可得
$$(k^\eta)^\xi = k^{\eta \xi} = k^{\xi' \eta} = k^\eta, \forall \xi \in H$$
这说明 $K^\eta \subseteq \text{Inv } H = K$. 反之,任取 $k \in K$,有
$$(k^{\eta^{-1}})^{\xi'} = k^{\eta^{-1} \xi'} = k^{\xi \eta^{-1}} = k^{\eta^{-1}}, \forall \xi' \in H$$
所以
$$x = k^{\eta^{-1}} \in \text{Inv } H = K, k = x^\eta \in K^\eta$$
又有 $K \subseteq K^\eta$,于是必有 $K^\eta = K$,必要性得证.

再证充分性. 设对任意 $\eta \in G$ 都有 $K^\eta = K = \text{Inv } H$,则对任意 $\xi \in H, k \in K$ 有
$$(k^\eta)^{\eta^{-1} \xi \eta} = k^{\xi \eta} = k^\eta$$
这说明 $K^\eta \subseteq \text{Inv}(\eta^{-1} H \eta)$,这里 $\eta^{-1} H \eta$ 是 H 在 G 中的共轭子群. 反之,任取 $x \in \text{Inv}(\eta^{-1} H \eta)$,则

第3章 伽罗瓦扩域与伽罗瓦群

$$x^{\eta^{-1}\xi\eta} = x, \ (x^{\eta^{-1}})^{\xi} = x^{\eta^{-1}}, \ \forall\, \xi \in H$$

所以 $k = x^{\eta^{-1}} \in K, x = k^{\eta} \in K^{\eta}$,于是 $K^{\eta} = \mathrm{Inv}(\eta^{-1}H\eta)$. 但已知条件是 $K^{\eta} = K = \mathrm{Inv}\,H$,所以 $\eta^{-1}H\eta = H, H \triangleleft G$, 于是式(7)得证.

现在来证明定理中的结论③.

必要性. 设 H 是 G 的正规子群,记 $K = \mathrm{Inv}\,H$. 由式(7)的必要性知 $K^{\eta} = K, \forall\, \eta \in G$,这说明任一 $\eta \in G$ 必把 K 中的数变成 K 中的数,所以可把 E 中的每个 F-自同构 η 看成 K 中的 F-自同构,即 $\bar{\eta} = \eta\big|_{K} \in \mathrm{Gal}\,K/F$,这里 $\eta\big|_{K}$ 表示把 η 限制在 K 中考虑,而且 $\eta \overset{\nu}{\to} \bar{\eta}$ 是 $G = \mathrm{Gal}\,E/F$ 到 $\mathrm{Gal}\,K/F$ 的群同态:$\overline{\eta_1 \eta_2} = \bar{\eta}_1 \cdot \bar{\eta}_2$. 记 G 在 ν 之下的象集为 $\bar{G}$,则 $\bar{G}$ 是 $\mathrm{Aut}\,K$ 的有限子群. 进一步可证 $\mathrm{Inv}\,\bar{G} = F$. 事实上,$G$ 的不变子域是 F,而 $\bar{G}$ 中的元素仅仅是 G 中的元素在 K 中的限制,所以 $\bar{G}$ 的不变子域必然仍是 F.

到此为止,证明了对于域 K 来说,存在 $\mathrm{Aut}\,K$ 的有限子群 $\bar{G}$ 且 $F = \mathrm{Inv}\,\bar{G}$,于是套用定理6.3的推论(以 K 代替 E,以 $\bar{G}$ 代替 G)立得 K 是 F 的伽罗瓦扩域,当然是正规扩域. 必要性得证. 此时,进一步可证式(6)成立. 首先,由 K/F 是伽罗瓦扩域知

$$\mathrm{Gal}\,K/F = \mathrm{Gal}\,K/\mathrm{Inv}\,\bar{G} = \bar{G}$$

所以上述 ν 实际上是同态满射. 把 ν 的核记为

$$H_0 = \{\eta \mid \eta \in G, \bar{\eta} = \eta\big|_{K} = 1_K \text{ 是 } K \text{ 中的恒等变换}\}$$

这说明 K 中任一数必在 H_0 之下不变,即
$$\text{Inv } H = K \subseteq \text{Inv } H_0, \quad H \supseteq H_0$$
另一方面,由 $K = \text{Inv } H$ 知对任一 $\eta \in H$ 必有 $\bar{\eta} = \eta \big|_K = 1_K$,所以 $H \subseteq H_0$,于是 $H_0 = H$.根据同态定理得 $G/H \cong \bar{G}$,这就是式(6).

充分性.设 $K = \text{Inv } H$ 是 F 的正规扩域,要证 $H \triangleleft G$,只要证明对任一 $\eta \in G$,必有 $K^\eta = K$.任取 $k \in K$,设 k 在 F 上的最小多项式是 $p(x)$.因为任一 $\eta \in G$ 必把 $p(x)$ 的根变为根,所以每个 $k^\eta, \eta \in G$ 仍是 $p(x)$ 的根.但 K 是 F 的正规扩域,由 $k \in K$ 知 $k^\eta \in K, \forall \eta \in G$,所以 $K^\eta \subseteq K$.因为此关系式对任意 $\eta \in G$ 都成立,当然对 η^{-1} 也成立,所以又有 $K^{\eta^{-1}} \subseteq K$.但这就是 $K \subseteq K^\eta$,于是必有 $K^\eta = K$.所以 H 是 G 的正规子群.

这些难题是怎样解决的

第 4 章

§1 代数方程根号求解

在本节中我们要运用伽罗瓦扩域基本定理建立一个简洁易用的判别准则,用来判定一个代数方程(数字系数或字母系数)是否存在一个求根公式(在这个公式中只用到系数的加减乘除和开方运算). 让我们倒过来看一下,能用根号求解的方程的求根公式有些什么特点? 例如,$f(x) = x^2 + x - 1 = 0$ 可用根号求解: $x = \dfrac{-1 \pm \sqrt{5}}{2}$. 这说明只要在有理数域 **Q** 上添加一个 $\sqrt{5}$,在得到的扩域 $\mathbf{Q}(\sqrt{5})$ 中包含了 $f(x) = 0$ 的所有根. 又如,$f(x) = x^2 - x + 1 = 0$ 也可用根号求解: $x = \dfrac{1 \pm \sqrt{-3}}{2}$,在 $\mathbf{Q}(\sqrt{-3})$ 中包含了 $f(x)$ 的所有根. 一般地,

二次一般多项式 $f(x) = x^2 - t_1 x + t_2$ 可看成 $F = \mathbf{Q}(t_1, t_2)$ 上的多项式. 把 $\sqrt{D} = \sqrt{t_1^2 - 4t_2}$ 添加到 F 上得到的扩域 $F(\sqrt{D})$ 中包含了 $f(x)$ 的所有根 $x = \dfrac{t_1 \pm \sqrt{D}}{2}$. 总之,对于二次多项式必存在一个扩域塔 $F \subsetneq F(\sqrt{D})$,在 $F(\sqrt{D})$ 中可得到它的所有根. 因为 $F(\sqrt{D})$ 是在 F 上添加一个 F 中某个数 D 的平方根 $\sqrt{D}$ 而得,所以把 $F(\sqrt{D})$ 称为 F 的平方根号扩域,把 $F \subsetneq F(\sqrt{D})$ 称为平方根塔,这个塔共有两层. 这里的"根"字是根号之意,并非指 $f(x)$ 的根. 对于三次、四次多项式 $f(x)$ 来说,根据第 1 章中介绍的求根方法可知,一定可以找到 F 的某个适当大的扩域 K,使得 $f(x)$ 的根都在 K 中,而这个 K 是从 F 出发,经过若干次添加前一域中某数的平方根或立方根而得. 当然,对应的根塔的层数就不止两层了!

再看一个例子. $f(x) = x^5 - 2$ 的根为 $\lambda, \omega\lambda, \omega^2\lambda, \omega^3\lambda, \omega^4\lambda$,这里 $\lambda = \sqrt[5]{2}$,$\omega = \cos 72°$ 是 5 次本原根. 取 $\alpha = 18°$,则由 $\sin 3\alpha = \cos 2\alpha$ 和 $\sin 3\alpha = 3\sin\alpha - 4\sin^3\alpha$,$\cos 2\alpha = 1 - 2\sin^2\alpha$ 得

$$4\sin^2\alpha + 2\sin\alpha - 1 = 0$$

故有

$$\sin 18° = \frac{\sqrt{5}-1}{4} = \cos 72°$$

$$\sin 72° = \frac{1}{4}\sqrt{10 + 2\sqrt{5}} = \cos 18°$$

第4章 这些难题是怎样解决的

于是

$$\omega = \frac{1}{4}(-1 + \sqrt{5} + \sqrt{-10 - 2\sqrt{5}})$$

$$\omega^2 = \frac{1}{4}[-1 - \sqrt{5} + \frac{1}{2}(\sqrt{5} - 1)\sqrt{-10 - 2\sqrt{5}}]$$

$$\omega^3 = \overline{\omega^2} = \frac{1}{4}[-1 - \sqrt{5} - \frac{1}{2}(\sqrt{5} - 1)\sqrt{-10 - 2\sqrt{5}}]$$

$$\omega^4 = \overline{\omega} = \frac{1}{4}(-1 + \sqrt{5} - \sqrt{-10 - 2\sqrt{5}})$$

这里 $\overline{\omega}$ 表示 ω 的共轭复数. 这样就可构造出一个根塔（由根号扩域所建成的塔）

$$\mathbf{Q} \subsetneq \mathbf{Q}(\sqrt[5]{2}) \subsetneq \mathbf{Q}(\sqrt[5]{2}, \sqrt{5})$$
$$\subsetneq \mathbf{Q}(\sqrt[5]{2}, \sqrt{5}, \sqrt{-10 - 2\sqrt{5}}) = K$$

其中相邻两域的扩域次数依次为 5,2,2,而且都是添加一个根号所得到的扩域. K 中包含了 $f(x)$ 的所有根,所以 $x^5 - 2 = 0$ 可用根号求解.

通过上述这些例子可以猜想得到：一个代数方程是否可用根号求解似乎可用上述这种根塔是否存在来刻画. 事实的确如此,我们给出如下确切定义.

定义1.1 设 $f(x)$ 是某一首项系数为 1 的多项式,系数属于某域 F,称 $f(x) = 0$ 在 F 上可用根号求解,如果存在 F 的某个扩域 K 满足以下条件：

(1) K 包含了 $f(x)$ 在 F 上的分裂域 E,即 $F \subseteq E \subseteq K$；

(2)扩域 K/F 有如下根塔①

$$F = F_1 \subseteq F_2 \subseteq \cdots \subseteq F_r \subseteq F_{r+1} = K$$

其中每个 $F_{i+1} = F_i(d_i)$,$d_i^{n_i} = a_i \in F_i$,$i = 1,2,\cdots,r$. 对应的自然数集 $\{n_1, n_2, \cdots, n_r\}$ 称为此根塔的根次数集.

用这种条件定义方程可用根号求解是否合理?因为每个 F_{i+1} 是把 $F_i[x]$ 中某个 n_i 次方程 $x^{n_i} - a = 0$ 的一个根 $d_i = \sqrt[n_i]{a}$ 添加到 F_i 上而得的单代数扩域,所以 F_{i+1} 中每个数都可表示为 d_i 的多项式,系数属于 F_i,即 F_{i+1} 中的每个数都可由 F_i 中的数经过有限次加减乘除和开 n_i 次方运算得出. 因为 $f(x) = 0$ 的所有根都在分裂域 E 中,因而也在 K 中,所以 $f(x) = 0$ 的每一个根都可利用系数域中的数,经过有限次加减乘除和开根号运算表示,这恰好就是通常所说的方程可用根号求解的含义,因此定义是合理的(参见第 3 章 §5 末的关于一般代数方程的系数域的约定).

任意取定域 F 中某个数 a,$F(\sqrt[n]{a})$ 称为 F 的根次数是 n 的根号扩域,添加元是 $F[x]$ 中纯多项式 $x^n - a$ 的一个根. 因为它未必是 $\sqrt[n]{a}$ 在 F 上的最小多项式,所以 $[F(\sqrt[n]{a}) : F] \leq n$. 例如 $\sqrt{-1}$ 是 $x^4 - 1 = 0$ 的根,而 $[\mathbf{Q}(\sqrt{-1}) : \mathbf{Q}] = 2 < 4$. 根塔是由一串根号扩域建成的. 鉴于纯多项式如此重要,就有必要专门来讨论一下了.

---

① 这种塔是以 F 为塔基倒着建造的,好比塔在水中的倒影一样.

第4章 这些难题是怎样解决的

定理1.1 设 n 是某个确定的自然数，域 F 含有 n 次本原根 ω.

（1）任取 $a \in F, a \neq 0$，若 E 是 $f(x) = x^n - a$ 在 F 上的分裂域，则 Gal E/F 必是 m 阶循环群，$m \mid n$；

（2）若 E 是域 F 的这样一个伽罗瓦扩域，使得 Gal E/F 是 n 阶循环群，则必存在 $d \in E$，使 $d^n = a \in F$，且 $E = F(d)$.

证 （1）记 $r = \sqrt[n]{a}$，则 $f(x)$ 的根为 $r, \omega r, \omega^2 r, \cdots, \omega^{n-1} r$. 因为 $\omega \in F$，所以 $f(x)$ 在 F 上的分裂域是
$$E = F(\omega, r) = F(r)$$
这说明 E 中任意一个 F - 自同构（即 Gal E/F 中任意一个元素）是由 r 的象唯一确定的. 任取 $\sigma, \tau \in G =$ Gal E/F，它们把 $f(x)$ 的根变为根，可设
$$r^\sigma = \omega^i r, \ r^\tau = \omega^j r, \ 0 \leqslant i, j \leqslant n-1$$
由 $\omega \in F = \text{Inv } G$ 知
$$r^{\sigma\tau} = (\omega^i r)^\tau = \omega^i r^\tau = \omega^{i+j} r$$
这说明由 $r^\sigma = \omega^i r$ 所确定的映射
$$\eta : \sigma \to \omega^i, \ \forall \sigma \in G$$
是 G 到 n 次单位根群 $U_n = \langle \omega \rangle$ 的同态映射. 进一步，由 $\omega^i = \omega^j \Leftrightarrow r^\sigma = r^\tau \Leftrightarrow \sigma = \tau$ 知 η 还是单射，所以 G 同构于 $\langle \omega \rangle$ 的某个子群，当然是循环群，而且 $|G|$ 整除 n.

（2）因为 E 是 F 的伽罗瓦扩域，所以可设 $E = F(\theta)$. 据条件知 $G = $ Gal $E/F = \langle \sigma \rangle$，$\sigma$ 是 G 中的 n 阶元. 把 θ 在 σ^k 作用下的象记为 θ_k.
$$\theta_k = \theta^{\sigma^k}, \ k = 0, 1, 2, \cdots, n-1, \ \theta_n = \theta$$
在 E 中取如下 $n-1$ 个数

$$d_1 = \theta_0 + \theta_1\omega + \theta_2\omega^2 + \cdots + \theta_{n-1}\omega^{n-1}$$
$$d_2 = \theta_0^2 + \theta_1^2\omega + \theta_2^2\omega^2 + \cdots + \theta_{n-1}^2\omega^{n-1}$$
$$\vdots$$
$$d_i = \theta_0^i + \theta_1^i\omega + \theta_2^i\omega^2 + \cdots + \theta_{n-1}^i\omega^{n-1} \quad (1)$$
$$\vdots$$
$$d_{n-1} = \theta_0^{n-1} + \theta_1^{n-1}\omega + \theta_2^{n-1}\omega^2 + \cdots + \theta_{n-1}^{n-1}\omega^{n-1}$$

如果 $d_1, d_2, \cdots, d_{n-1}$ 全为 0, 利用 ω 是
$$x^n - 1 = (x-1)(x^{n-1} + x^{n-2} + \cdots + x + 1)$$
的根, 且 $\omega \neq 1$, 知
$$0 = 1 + \omega + \omega^2 + \cdots + \omega^{n-1}$$

把它放在(1)的前面作为第一个方程,就得到某个含 n 个变量和 n 个方程的齐次线性方程组. 因为已知它有非零解
$$(1, \omega, \omega^2, \cdots, \omega^{n-1})$$
所以它的系数行列式(是 n 阶范德蒙德行列式)
$$V = \prod_{0 \leq j < i \leq n-1}(\theta_i - \theta_j) = 0$$

这就是说, 至少存在一对 i, j 使 $\theta_i = \theta_j$, 即 $\theta^{\sigma^i} = \theta^{\sigma^j}$. 但 $E = F(\theta)$, $\text{Gal } E/F$ 中的元由 θ 的象唯一确定, 所以 $\sigma^i = \sigma^j$. 由 σ 是 n 阶元且 $0 \leq j < i \leq n-1$ 知这是不可能的. 所以 $d_1, d_2, \cdots, d_{n-1}$ 不可能都是 0, 至少存在某个 $d_i \neq 0$. 记 $d = d_i$, 将 $\theta_k = \theta^{\sigma^k}$ 代入这个 d_i 的定义式得
$$d = \theta^i + (\theta^\sigma)^i \omega + (\theta^{\sigma^2})^i \omega^2 + \cdots + (\theta^{\sigma^{n-1}})^i \omega^{n-1}$$
反复利用 $\omega^\sigma = \omega, \sigma^n = 1, \omega^n = 1$ 得
$$d^\sigma = \omega^{-1} d$$

第4章 这些难题是怎样解决的

$$(d^2)^\sigma = (d^\sigma)^2 = \omega^{-2}d^2$$
$$\vdots$$
$$(d^n)^\sigma = (d^\sigma)^n = \omega^{-n}d^n = d^n$$

所以,由 $G = \langle \sigma \rangle$ 知, d^n 属于 $F = \text{Inv } G$. 记 $a = d^n \in F$, 于是,剩下来仅需证明 $E = F(\theta) = F(d)$.

首先,由 $d \in E$ 和 $F \subseteq E$ 知, $F(d) \subseteq E = F(\theta)$. 进一步,由 $d^\sigma = \omega^{-1}d$ 知, σ 把 $F(d)$ 中的数仍变为 $F(d)$ 中的数,所以 σ 限制在 $F(d)$ 中就是 $\text{Gal } F(d)/F$ 中的元素,于是,$G = \langle \sigma \rangle$ 中的所有元素限制在 $F(d)$ 中都是 $\text{Gal } F(d)/F$ 中的元素. 若 $d^{\sigma^k} = d^{\sigma^l}$,则 $\sigma^k = \sigma^l$, $k = l$, 这说明 $\langle \sigma \rangle$ 中 n 个不同的元素限制在 $F(d)$ 中仍是 n 个不同的元素,所以

$$[F(d):F] = |\text{Gal } F(d)/F| \geq n = [F(\theta):F]$$

(第一个等式是由于 $F(d)/F$ 也是伽罗瓦扩域). 再据 $F \subseteq F(d) \subseteq F(\theta)$ 得, $F(d) = F(\theta) = E$.

这个定理说明了这样一个重要事实:对确定的自然数 n 来说,只要基域 F 含有 n 次本原根,则 F 的根次数是 n 的根号扩域(即 $x^n - a \in F[x]$ 在 F 上的分裂域)的伽罗瓦群必是 m 阶循环群, m 是 n 的某个因子. 反之,伽罗瓦群为 n 阶循环群的伽罗瓦扩域必是根次数是 n 的根号扩域. 根号扩域的伽罗瓦群与循环群之间竟有着如此密切的关系! 而循环群的结构是很清楚的.

要求基域 F 含有某次本原根这一条件确实给建立判别准则带来不少麻烦. 若考虑特殊的纯多项式 $f(x) = x^n - 1$,则情况就很好了.

定理 1.2 设 F 是任一域, $f(x) = x^n - 1$ 在 F 上

的分裂域为 E,则 Gal E/F 必是交换群.

证 在第 3 章 §4 的例 1 中已经证明了 $E = F(\omega)$,ω 是任一 n 次本原根. $f(x) = 0$ 的根的全体组成 n 阶循环群 $U_n = \langle \omega \rangle$. 任取 $\sigma \in G = \text{Gal } F(\omega)/F$. 因为 σ 把 $f(x)$ 的根变为根,所以 σ 限制在 U_n 中就是 U_n 的自同构 $\bar{\sigma} = \sigma|_{U_n}$. 若用 Aut U_n 表示由 U_n 中的群自同构全体所成的乘法群,则 $\sigma \to \bar{\sigma}$ 是 G 到 Aut U_n 的同构映射,G 同构于 Aut U_n 的某个子群 $\bar{G}$. 若能证明 Aut U_n 是交换群,则 $\bar{G}$ 和 G 必是交换群了. 任取 ξ,$\eta \in \text{Aut } U_n$,可设 $\omega \xrightarrow{\xi} \omega^k$,$\omega \xrightarrow{\eta} w^l$,则由

$$\omega \xrightarrow{\xi} \omega^k \xrightarrow{\eta} \omega^{lk}, \quad w \xrightarrow{\eta} \omega^l \xrightarrow{\xi} \omega^{kl}$$

知 $\xi\eta = \eta\xi$,所以 Aut U_n 是交换群.

现在可以建立判别准则,以达到我们的第一个目标——代数方程何时可用根号求解.

定理 1.3(判别准则) 设 F 为域,$F[x]$ 中的多项式 $f(x)$ 在 F 上的伽罗瓦群为 G_f,则 $f(x)=0$ 可用根号求解 $\Leftrightarrow G_f$ 是可解群.

证 必要性. 设 $f(x)=0$ 可用根号求解,则据定义知必存在 F 的某个扩域 K,它有根塔

$$F = F_1 \subseteq F_2 \subseteq \cdots \subseteq F_r \subseteq F_{r+1} = K \tag{2}$$

$$F_{i+1} = F_i(d_i), \quad d_i^{n_i} \in F, \quad i = 1, 2, \cdots, r$$

且 K 包含 $f(x)$ 在 F 上的分裂域 E. 这个 K 未必是 F 的伽罗瓦扩域,无法套用基本定理. 但是 K 的正规闭包 $\bar{K}$ 必是 F 的伽罗瓦扩域. 而且可根据 K/F 的根塔(2),构

造出 $\bar{K}/F$ 的根塔,且仍有 $F \subseteq E \subseteq K \subseteq \bar{K}$. 新根塔的层次可能增加,但不会产生新的根次数,只不过把原有的某些根次数重复几次罢了(证明略)! 因此,我们不妨假设(2)中的 K 是 F 的伽罗瓦扩域.

设根塔(2)中所有根次数 $n_1, n_2, \cdots, n_r$ 的最小公倍数是 n. 任意取定一个 n 次本原根 z. 由于定理 1.1 中要求基域中含有某次本原根,我们干脆先把 z 添加到(2)中每个域上去,即令

$$K_i = F_i(z), \ i = 1, 2, \cdots, r, r+1$$

那么从根塔(2)又可得到 $K(z)/F$ 的一个根塔

$$F = K_0 \subseteq K_1 \subseteq K_2 \subseteq \cdots \subseteq K_r \subseteq K(z) = K_{r+1}$$

这里

$$K_1 = F(z) = K_0(z)$$
$$K_{i+1} = F_{i+1}(z) = F_i(z, d_i) = K_i(d_i)$$
$$d_i^{n_i} \in F_i \subseteq K_i, \ i = 1, 2, \cdots, r$$

因为 K 是 F 的伽罗瓦扩域,所以 K 必是某个 $g(x) \in F[x]$ 在 F 上的分裂域. 因为 z 是 n 次本原根,$x^n - 1 = 0$ 的根都是 z 的方幂,所以 $K(z)$ 就是 $g(x)(x^n - 1) \in F(x)$ 在 F 上的分裂域,因而 $K(z)$ 必是 F 的伽罗瓦扩域,$K(z)$ 也是每个 K_i 的伽罗瓦扩域,$i = 0, 1, \cdots, r$. 记

$$H_i = \text{Gal } K(z)/K_i$$

则 $K_i = \text{Inv } H_i, i = 0, 1, \cdots, r$. 现在考虑伽罗瓦对应图

$$F = K_0 \subseteq \cdots \subseteq K_i \subseteq K_{i+1} \subseteq \cdots \subseteq K_r \subseteq K_{r+1} = K(z)$$
$$\updownarrow \qquad \updownarrow \qquad \updownarrow \qquad \updownarrow \qquad \updownarrow$$
$$H_0 \geqslant \cdots \geqslant H_i \geqslant H_{i+1} \geqslant \cdots \geqslant H_r \geqslant 1$$

这里 1 是 H_0 的单位元群. 因为 $K_1 = F(z)$ 是 $x^n - 1$ 在 F 上的分裂域, 由定理 1.2 知, $\mathrm{Gal}\, K_1/F$ 是交换群. 对于任一 $i(1 \leq i \leq r)$, 由于 K_i 中已包含了 n_i 次本原根 $z^{\frac{n}{n_i}}$, 而 $K_{i+1} = K_i(d_i)$ 是 $x^{n_i} - d_i^{n_i} \in K_i[x]$ 在 K_i 上的分裂域, 由定理 1.1 知, $\mathrm{Gal}\, K_{i+1}/K_i$ 也是交换群. 于是应用基本定理, 由 K_{i+1}/K_i 是正规扩域知 H_{i+1} 是 H_i 的正规子群, 且每个商群因子

$$H_i/H_{i+1} \cong \mathrm{Gal}\, K_{i+1}/K_i$$

都是交换群, 所以 $H_0 = \mathrm{Gal}\, K(z)/F$ 是可解群. 再考虑另一张伽罗瓦对应图

$$F \subseteq E \subseteq K(z)$$
$$\updownarrow \quad \updownarrow \quad \updownarrow$$
$$H_0 \geqslant \widetilde{H} \geqslant 1$$

其中 E 是 $f(x)$ 在 F 上的分裂域, $\widetilde{H} = \mathrm{Gal}\, K(z)/E$. 因为 E 是 F 的正规扩域, 所以 $\widetilde{H}$ 是 H_0 的正规子群, 且 $f(x)$ 的伽罗瓦群

$$G = \mathrm{Gal}\, E/F \cong H_0/\widetilde{H}$$

因为 H_0 是可解群, 所以商群 G 也是可解群.

充分性. 设 $f(x)$ 在 F 上的分裂域为 E, $G = \mathrm{Gal}\, E/F$ 是可解群. 设 $|G| = n$, 则 $[E:F] = n$. 任取 n 次本原根 z. 为了套用定理 1.1, 我们又要把 z 添加到 $F \subseteq E$ 上, 得

$$F = F_1 \subseteq F_2 = F(z) \subseteq K = E(z)$$

因为 $f(x)$ 在 F_1 上的分裂域是 E, 所以 $f(x)$ 在 F_2 上的分裂域就是 $E(z) = K$. 现在我们要在 F 上造一个包含

E 的根塔,因为 $F_2 = F(z)$ 已经是 F 的根号扩域了,而 K 的确是包含 E 的,所以我们只要造一个从 F_2 到 K 的根塔就行了! 这里又要用到一个我们不准备给出证明的事实: $H = \mathrm{Gal}\, K/F$ 同构于 $G = \mathrm{Gal}\, E/F$ 的某个子群. 参见扩域图

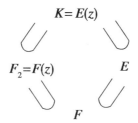

既然 G 是有限可解群,则 H 也是有限可解群,它必有合成群列

$$H = H_1 \triangleright H_2 \triangleright \cdots \triangleright H_r \triangleright H_{r+1} = 1$$

其中每个合成因子群 H_i/H_{i+1} 都是素数 p_i 阶循环群, $1 \leqslant i \leqslant r$,且 $p_i | n$. 因为 K 是 F_2 的伽罗瓦扩域,又可套用基本定理得伽罗瓦对应图

$$H = H_1 \triangleright \cdots \triangleright H_i \triangleright H_{i+1} \triangleright \cdots \triangleright H_r \triangleright H_{r+1} = 1$$
$$\updownarrow \qquad \updownarrow \qquad \updownarrow \qquad \updownarrow \qquad \updownarrow$$
$$F_2 \subseteq \cdots \subseteq F_{i+1} \subseteq F_{i+2} \subseteq \cdots \subseteq F_{r+1} \subseteq F_{r+2} = K$$

必有

$$H_i = \mathrm{Gal}\, K/F_{i+1}$$
$$\mathrm{Gal}\, F_{i+2}/F_{i+1} \cong H_i/H_{i+1}, \quad i = 1, 2, \cdots, r$$

因为 $F_2 = F(z)$ 中已经包含了所有的 p_i 次本原根 $z^{\frac{n}{p_i}}$,而 $\mathrm{Gal}\, F_{i+2}/F_{i+1}$ 是 p_i 阶循环群,所以套用定理 1.1 知,存在 $d_{i+1} \in F_{i+2}$ 使得

$$F_{i+2} = F_{i+1}(d_{i+1}), \quad d_{i+1}^{p_i} \in F_{i+1}, \quad 1 \leq i \leq r$$

于是就得到了所需的根塔

$$F = F_1 \subseteq F_2 \subseteq \cdots \subseteq F_{r+1} \subseteq F_{r+2} = K$$

根次数依次为 $n, p_1, p_2, \cdots, p_r$, 且 $K = E(z)$ 包含了 $f(x)$ 在 F 上的分裂域 E, 所以 $f(x) = 0$ 可用根号求解.

证明了这个判别准则后, 一切就到了瓜熟蒂落的时候了! 既然 n 次一般多项式 $f(x)$ 的伽罗瓦群 G_f 在 $n \geq 5$ 时不是可解群, 我们也就自然地到达了最终的目标.

定理 1.4(鲁菲尼 – 阿贝尔) 高于四次的一般代数方程不可能用根号求解.

这一结论结束了人们在两百多年里徒劳的努力, 在这个意义上来说, 四次代数方程的求根公式实在称得上是代数学历史上的一个里程碑.

最后, 我们给出伽罗瓦的另一个精彩结果, 但是不予证明了. 他考虑了一个数字系数代数方程何时可用根号求解的问题.

定理 1.5 设 $f(x)$ 是有理系数的素数 p 次不可约多项式. 若 $f(x)$ 有且仅有一对共轭非实根, 则 $f(x)$ 在有理数域 $\mathbf{Q}$ 上的伽罗瓦群 G_f 同构于 S_p. 因此, 当 $p \geq 5$ 时, $f(x) = 0$ 不能用根号求解.

例如, $f(x) = x^5 - 1$ 有两对共轭非实根, 所以可以用根号求解. 又如, $f(x) = x^5 - 4x + 2$, 运用关于多项式的施图姆(Sturm)定理可以判定, $f(x)$ 有且仅有 3 个实根, 所以仅有一对共轭非实根, $f(x)$ 不能用根号求解.

第4章 这些难题是怎样解决的

§2 圆规直尺作图

在第1章§2中已介绍了一些圆规直尺作图的方法,但都不符合尺规作图的要求.为什么这些方法都是犯规的呢?这就要搞清楚圆规直尺的最大功能是什么?也就是用圆规直尺能且仅能作出哪些平面几何图形来?这一切都可用代数语言精确地描述出来.用 W 表示通常的二维欧氏平面.所谓初等几何图形指的是能限用圆规直尺经有限步作出的平面几何图形.根据圆规直尺的功能易知,初等几何图形必定是由点、线、圆弧和角度构成的.直线由线上任意两点决定,圆弧由它上面的任意三点决定,角度也由其顶点和两边上各取一点决定,所以归根到底,初等几何图形必可通过点的构作来画出.但是,点是几何概念,无法直接用代数方法处理,因而还需把它们代数化.在欧氏平面上取定某个直角坐标系,则平面上的点 $P=(x,y)$ 与复数 $z=x+iy(i=\sqrt{-1})$ 是互相唯一确定的,因此,又可把 W 看成是复平面.这样,就把构作点的问题变为构作复数的问题了.对于复数,也许有可能应用伽罗瓦理论讨论了!我们约定:今后不再注意点和数的形式差别了.

构作任一初等几何图形,必须预先给定某些已知点或数.例如,要用圆规直尺三等分 $60°$ 角.如图10,以顶点 O 为圆心,以1为半径作圆弧,交其一边于 A,另

一边于 B，则在平面直角坐标系 xOy 中，已知点是

$$O = (0,0), A = (1,0), B = (\frac{1}{2}, \frac{\sqrt{3}}{2})$$

要作的点是 $C = (\cos 20°, \sin 20°)$. 若用数的语言来说，三等分 $60°$ 角就是根据三个复数 $0, 1$ 和 $\frac{1}{2} + \frac{\sqrt{3}}{2}i$ 作出新数 $\cos 20° + i\sin 20°$.

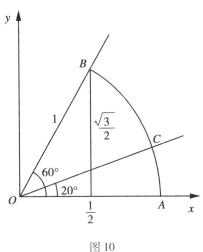

图 10

现在把这个问题一般化. 我们约定：说某图形或某数可作，总是指它可从已给的若干个点或数出发，限用圆规直尺经有限步作出. 在复平面上任意给定 n 个数 $z_1, z_2, \cdots, z_n, n \geqslant 2$，其中 $z_1 = 0, z_2 = 1$. 我们要构造出一个复数集 M，它由全体可作数组成. 为此，采用递归方法逐个定义出 W 的如下子集：$S_1, S_2, S_3, \cdots$.

首先定义

$$S_1 = \{z_1, z_2, \cdots, z_n\}$$

第4章 这些难题是怎样解决的

再由 S_1 定义出 S_2，由 S_2 定义出 S_3，……一般地，如果点集 S_r 已经定义好了，取

$$L = \{\text{联结 } S_r \text{ 中不同两点的直线}\}$$
$$O = \{\text{任取 } P, Q_1, Q_2 \in S_r, \text{以 } P \text{ 为圆心，以 } |Q_1 Q_2|$$
$$\text{为半径所作的圆}\}$$
$$\Sigma_1 = \{L \text{ 中任意两条直线的交点}\}$$
$$\Sigma_2 = \{L \text{ 中任一直线与 } O \text{ 中的任一圆的交点}\}$$
$$\Sigma_3 = \{O \text{ 中任意两个圆的交点}\}$$

则定义

$$S_{r+1} = S_r \cup \Sigma_1 \cup \Sigma_2 \cup \Sigma_3$$

这里"$\cup$"表示求集合的并集. 最后可以证明

$$M = \bigcup_{i=1}^{\infty} S_i$$

就是所要求的全体可作数集合. 事实上，如果某个复数 z 可作，因为圆规仅能据三个已知点作圆，直尺仅能据两个已知点连直线，所以这个 z 必属于某个 S_i，因而 $z \in M$. 反之，M 虽然是无限个有限集 S_i 之并，它是一个无限集，但这些 S_i 都是一个包含一个的，所以对于一个取定的 $z \in M$ 来说，必存在某个确定的包含这个 z 的最小的 S_i. 根据 S_i 的产生过程知 z 必可作，这就说明 z 可作当且仅当 $z \in M$. 这样一来，问题就转化为考虑复数集 M 的代数结构了. 这种演化问题的方法在数学中是经常采用的.

定理 2.1 M 必是复数域 $\mathbf{C}$ 的满足下述条件的最小子域：它包含所有的已给数 $z_1, z_2, \cdots, z_n$，且在开平方和取共轭之下是封闭的，即若 $z \in M$，则 $\sqrt{z} \in M$；若 $z = x + \mathrm{i}y \in M$，则 $\bar{z} = x - \mathrm{i}y \in M$.

证 证明分以下两步完成.

(1)首先,$S_1 = \{z_1, z_2, \cdots, z_m\} \subsetneq M$. 为了证明 M 是 **C** 的子域,只要证明 **M** 对加减乘除封闭. 任取两个复数 $z = re^{i\theta} = x + iy, z' = r'e^{i\theta'} = x' + iy'$,则有以下结论:

① 如图 11,以 z 为圆心,$|z'|$ 为半径作圆 O_1;以 z' 为圆心,$|z|$ 为半径作圆 O_2. 由 M 的定义知,两圆的交点 $z + z' \in M$.

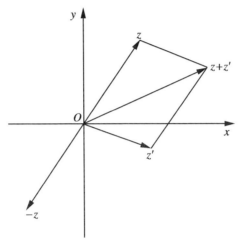

图 11

② 以原点 O 为圆心,$|z|$ 为半径所作的圆与直线 Oz 的另一交点 $-z \in M$.

③ $zz' = rr'e^{i(\theta + \theta')}$. 显然,据 θ 和 θ' 必可作出和角 $\theta + \theta'$. 另外,总可用圆规直尺过直线 L 外一点 P 作与此直线平行的线. 事实上,在 L 上任取两点 A 和 B(图 12),联结 PA,以 P 为圆心,$|AB|$ 为半径作圆;以 B 为圆心,$|AP|$ 为半径作圆,两圆交于 P',则 PP' 即为所求

之直线①. 据此,在平面直角坐标系的 Ox 轴上取 1 和 r 两点,在 Oy 轴上取点 r',联结 $r'1$(图 13),则易见过 r 所作的 $r'1$ 的平行线必交 Oy 轴于 rr',所以 rr' 可作,于是 zz' 可作.

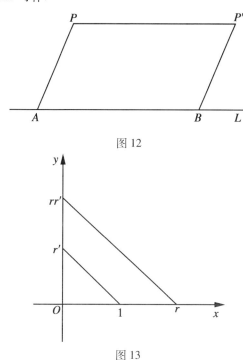

图 12

图 13

---

① 应用推平行线的方法,不难证明用圆规直尺可把任一线段 AB 作 n 等分,其中 n 是任一自然数. 为此,过点 A 任作直线 L(不与 AB 重合). 在 L 上任意截取 n 个相等的线段 $AC_1 = C_1C_2 = \cdots = C_{n-1}C_n$. 连 BC_n,依次过 $C_1, C_2, \cdots, C_{n-1}$ 作 BC_n 的平行线,分别交 AB 于 $B_1, B_2, \cdots, B_{n-1}$,则 $AB_1 = \dfrac{1}{n}AB$.

④ 如图 14，$z^{-1} = \left(\dfrac{1}{r}\right)e^{i(-\theta)}$. 由 θ 可作出 $-\theta$. 在 Ox 轴上取 1 和 r 两点，在 Oy 轴上取点 1，连 $1r$，过 Ox 轴上的点 1 作 $1r$ 的平行线必交 Oy 轴于 $\dfrac{1}{r}$，于是 z^{-1} 可作.

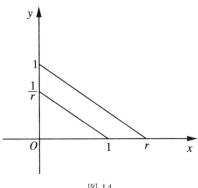

图 14

根据以上 4 点就知 M 是 **C** 的子域，再证 M 具有两个封闭性.

⑤ $\sqrt{z} = \sqrt{r}\,e^{i\left(\frac{\theta}{2}\right)}$. 由 θ 可作出 $\dfrac{\theta}{2}$. 在平面直角坐标系的 Ox 轴上取 A 和 B 两点，使 $|OA|=1, |AB|=r$. 如图 15，以 $|OB|$ 为直径作半圆，过 A 作其垂线交半圆于 P，则 $|AP|=\sqrt{r}$. 所以当 z 可作时，$\sqrt{z}$ 必可作.

⑥ $\bar{z} = r\,e^{i(-\theta)}$. 由 θ 可作出 $-\theta$，所以若 z 可作，则 $\bar{z}$ 必可作.

这样就证明了 M 是具有上述两个封闭性的域.

第4章 这些难题是怎样解决的

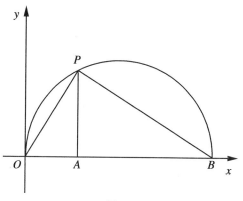

图 15

（2）证明 M 具有定理中所说的最小性，即若 M' 是 **C** 的满足以下条件的某个子域：它包含已给数 z_1, $z_2, \cdots, z_n$，且在开平方与取共轭之下封闭，要证 $M \subseteq M'$. 我们知道，$M = \bigcup\limits_{i=1}^{\infty} S_i$，而 $S_{i+1} = S_i \cup \Sigma_1 \cup \Sigma_2 \cup \Sigma_3$. 由于已知 $S_1 = \{z_1, z_2, \cdots, z_n\} \subseteq M'$，很自然地会想到最简单的证明方法是根据 $S_i \subseteq M'$ 证明 $S_{i+1} \subseteq M'$，为此只要证明由 S_i 确定的 Σ_1, Σ_2 和 $\Sigma_3 \subsetneqq M'$.

首先，Σ_1 中的点都是某两条不平行的直线

$$L_1 : ax + by + d = 0, \quad L_2 : a'x + b'y + d' = 0$$

的交点. L_1 是 S_i 中某两点 $x_1 + \mathrm{i}y_1$, $x_2 + \mathrm{i}y_2$ 的连线. 因为 $x_1 + \mathrm{i}y_1 \in S_i \subseteq M'$，$M'$ 关于共轭封闭，所以 $x_1 - \mathrm{i}y_1 \in M'$，于是 $x_1 \in M'$. 又据 $-1 \in M'$，M' 关于开平方封闭，知 $\mathrm{i} = \sqrt{-1} \in M'$，于是又得 $y_1 \in M'$. 同理 $x_2, y_2 \in M'$. 而 L_1 的方程就是

$$\frac{x - x_1}{x_2 - x_1} = \frac{y - y_1}{y_2 - y_1}$$

153

所以 L_1 的系数 $a,b,d \in M'$. 同理, L_2 的系数 a',b', $d' \in M'$. 根据求解二元线性方程组的克莱姆法则知, L_1 与 L_2 的交点坐标 p 和 q 都属于 M'. 再由 $\mathrm{i} \in M'$ 知 $p + \mathrm{i}q \in M'$, 所以 Σ_1 中的点都属于 M'.

其次, Σ_2 中的点都是下述直线和圆的交点
$$L:y = mx + b,\ O:x^2 + y^2 + ex + fy + g = 0$$
L 是 S_i 中某两点的连线, 由上所证可知其系数 $m, b \in M'$. 圆 O 是以 S_i 中某点 $x_0 + \mathrm{i}y_0$ 为圆心, 以 $x_1 + \mathrm{i}y_1$ 和 $x_2 + \mathrm{i}y_2$ 间的长度 $r = \sqrt{(x_1 - x_2)^2 + (y_1 - y_2)^2}$ 为半径所作的圆, 其方程为
$$(x - x_0)^2 + (y - y_0)^2 = r^2$$
因为所有 x_i, y_i 都属于域 M', 且 M' 关于开平方封闭, 所以 $r \in M'$, 即圆方程的系数 $e, f, g \in M'$. L 与 O 的交点 (p, q) 中的 p 是二次方程
$$x^2 + (mx + b)^2 + ex + f(mx + b) + g = 0$$
的根, 它可用系数的加减乘除和开平方运算表出, 而 M' 是关于开平方封闭的域, 所以 $p \in M'$, 因而 $q = mp + b \in M', p + \mathrm{i}q \in M'$. 所以 Σ_2 中的点都属于 M'.

最后, Σ_3 中的点都是以下两圆的交点
$$O_1: x^2 + y^2 + ex + fy + g = 0$$
$$O_2: x^2 + y^2 + e'x + f'y + g' = 0$$
它就是 O_1 与以下直线(它是这两圆的交点的连线)
$$L:(e - e')x + (f - f')y + g - g' = 0$$
的交点. O_1 和 O_2 都是由 S_i 中三点所决定的圆, 其系数都属于 M', 因此, 由 O_1 与 L 的交点 (p, q) 确定的 $p + \mathrm{i}q \in M'$, 这样又有 $\Sigma_3 \subseteq M'$. 这就证明了 $S_{i+1} \subseteq M'$.

第 4 章 这些难题是怎样解决的

我们先来粗略地考察一下,第 3 章中所说的扩域理论对数的可作性研究有何贡献? 给定复数 z_1, $z_2,\cdots,z_n$,也就给定了共轭复数 $\bar{z}_1,\bar{z}_2,\cdots,\bar{z}_n$. 若已知某数 $z \in M$,则 z 必属于某个 $S_{i+1} = S_i \cup \Sigma_1 \cup \Sigma_2 \cup \Sigma_3$. 根据定理 2.1 的证明过程中对 $\Sigma_1,\Sigma_2,\Sigma_3$ 中那些交点来源所做的分析,可知那些交点坐标 (p,q) 可用 S_i 中的数经过加减乘除,至多再加上一个开平方运算得出. 对前四种运算,域并不需要扩大,对开平方运算来说,则需要作一个二次扩域. 所以这个数 z 一定在 $F = \mathbf{Q}(z_1,\cdots,z_n,\bar{z}_1,\cdots,\bar{z}_n)$ 的某个扩域 K 中,而且必有 $[K:F] = 2^s$. 再据 $F \subseteq F(z) \subseteq K$ 知,$[F(z):F] = 2^t$,$t \leqslant s$. 于是可得一个重要的结论:可作数 z 必是上述 F 上的 2^t 次代数元. 若读者对这个粗糙的推理感到不满足,则可以读一下如下确切的叙述和严格的证明.

定理 2.2(判别准则 A) 设 $z_1,z_2,\cdots,z_n$ 是给定的复数. 令 $F = \mathbf{Q}(z_1,\cdots,z_n,\bar{z}_1,\cdots,\bar{z}_n)$,则某数 z 可由 z_1, $z_2,\cdots,z_n$ 作出⇔存在 $\mathbf{C}$ 的某个子域 $K = F(u_1,\cdots,u_r)$,它包含 z,且 $u_1^2 \in F, u_i^2 \in F(u_1,\cdots,u_{i-1})$,$i = 2,\cdots,r$. 这就是说,$K$ 是包含 z 的 $\mathbf{C}$ 的子域,且 K/F 有根次数全是 2 的根塔(平方根塔)

$$F \subseteq F(u_1) \subseteq F(u_1,u_2) \subseteq \cdots \subseteq F(u_1,u_2,\cdots,u_r) = K$$

(1)

证 在 F 上能够构造出很多包含 z 的平方根塔,把所有这种平方根塔中的数放在一起,记为 M',即

$$M' = \{z \mid z \in \mathbf{C}, 存在 F 上的某个平方根塔包含 z\}$$

因为已知 z 可作⇔$z \in M$,所以只要证明 $M = M'$ 就行

了.

先证 $M'\subseteq M$,即任一被某个平方根塔罩住的 z 必可作. 任取 $z\in M'$,则存在平方根塔(1),且 $z\in K$. 因为 $F=\mathbf{Q}(z_1,\cdots,z_n,\bar z_1,\cdots,\bar z_n)$ 中的数都是由有理数和 $z_i,\bar z_i$ 做加减乘除而得的,所以 F 中的数可作,$F\subseteq M$. 因为 M 关于开平方封闭,由 $u_1^2\in F$ 知 $u_1\in M$,再由 M 是域知 $F(u_1)\subseteq M$. 一般地,若已知 $F(u_1,\cdots,u_{i-1})\subseteq M$,则由 $u_i^2\in F(u_1,\cdots,u_{i-1})$ 知 $u_i\in M$,$F(u_1,\cdots,u_i)\subseteq M$. 如此下去,最后证得 $K=F(u_1,\cdots,u_r)\subseteq M$. 再由 $z\in K$ 知 $z\in M$,所以 $M'\subseteq M$.

再证 $M\subseteq M'$. 若能证明 M' 是 $\mathbf{C}$ 的包含 $z_1,z_2,\cdots,z_n$ 的且在共轭与开平方之下封闭的子域,则据定理 2.1 所证明的 M 的那种"最小性"立得 $M\subseteq M'$,于是必有 $M=M'$. 现分三步证明 M' 的确是那种子域.

(1) 任取 $z,z'\in M'$,可设
$$z\in F(u_1,\cdots,u_r)=K,\quad z'\in F(u_1',\cdots,u_s')=K'$$
这里 K 和 K' 都是以 F 为塔基的平方根塔的塔顶. 把第二个塔中 s 个添加元依次添加到第一个塔的塔顶 K 上去,得到 $F(u_1,\cdots,u_r,u_1',\cdots,u_s')$,它在 F 上也有平方根塔
$$F\subseteq F(u_1)\subseteq\cdots\subseteq F(u_1,\cdots,u_r)=K$$
$$\subseteq K(u_1')\subseteq\cdots\subseteq K(u_1',\cdots,u_s')$$
$$=F(u_1,\cdots,u_r,u_1',\cdots,u_s')$$
且包含 $z\pm z',zz'$ 和 $z^{-1}(z\neq 0)$,所以它们都属于 M'. 这说明 M' 的确是 $\mathbf{C}$ 的包含 $z_1,z_2,\cdots,z_n$ 的子域.

(2) 任取 $z\in M'$,设 $z\in F(u_1,\cdots,u_r)=K$,K 在 F

上有平方根塔. 若$\sqrt{z} \notin K$, 则令$u_{r+1} = \sqrt{z}$就有$u_{r+1}^2 = z \in K$, 所以$K(u_{r+1})$在F上也有平方根塔且包含$\sqrt{z}$, 于是$\sqrt{z} \in M'$.

(3) 易见对$F = \mathbf{Q}(z_1, \cdots, z_n, \bar{z}_1, \cdots, \bar{z}_n)$有$\bar{F} = F$, 这里$\bar{F}$表示把$F$中所有的数都取共轭数所成的域. 因为$F(u_1, \cdots, u_r)$中的数都是$u_1, \cdots, u_r$的有理分式, 系数属于$F$, 所以把其中所有的数都取共轭之后所得的域
$$\overline{F(u_1, \cdots, u_r)} = F(\bar{u}_1, \cdots, \bar{u}_r)$$
于是, 对任意$z \in F(u_1, \cdots, u_r)$, 必有$\bar{z} \in F(\bar{u}_1, \cdots, \bar{u}_r)$. 易见对$F(u_1, \cdots, u_r)$在$F$上的平方根塔取共轭可得到一个$F(\bar{u}_1, \cdots, \bar{u}_r)$在$F$上的平方根塔, 所以当$z \in M'$时必有$\bar{z} \in M'$.

推论 设$F = \mathbf{Q}(z_1, \cdots, z_n, \bar{z}_1, \cdots, \bar{z}_n)$. 若复数$z$可由$z_1, \cdots, z_n$作出, 则$z$必是$F$上的$2^t$次代数元.

证 由$z \in M$知, z必属于某个域K, K在F上有平方根塔, 所以$[K:F] = 2^s$. 再由$F \subseteq F(z) \subseteq K$知$[F(z):F] = 2^t$, $t \leqslant s$, z是F上的2^t次代数元.

因为F上任一2^t次代数元z未必有一个平方根塔罩住它, 所以这种z未必可作. 这说明上述推论仅提供了z可作的必要条件. 但这对于要证明"不可作性"来说刚好是正中下怀! 不满足必要条件的数一定不可作. 据此, 我们一举就可解决如下三个几何难题.

1. **三等分任意角**. 如图16, 取$P_1 = (0, 0)$, $P_2 = (1, 0)$, $P_3 = \left(\frac{1}{2}, \frac{1}{2}\sqrt{3}\right)$, 则:

$\alpha = 60°$ 能用圆规直尺三等分 $\Leftrightarrow P = (\cos 20°, \sin 20°)$ 可作 $\Leftrightarrow a = \cos 20°$ 可作 $\Rightarrow a$ 是 F 上的 2^t 次代数元,这里

$$F = \mathbf{Q}(0, 1, \frac{1}{2} + \frac{\sqrt{3}}{2}\mathrm{i}, \frac{1}{2} - \frac{\sqrt{3}}{2}\mathrm{i}) = \mathbf{Q}(\sqrt{3}\mathrm{i})$$

它是 $\mathbf{Q}$ 的 2 次扩域.

若 a 是 F 上的 2^t 次代数元,则必是 $\mathbf{Q}$ 上的 2^{t+1} 次代数元,即 a 在 $\mathbf{Q}$ 上的最小多项式的次数应是 2^{t+1}. 但是可以证明,这是不可能的. 事实上,在

$$\cos 3\theta = 4\cos^3\theta - 3\cos\theta$$

中取 $\theta = 20°, a = \cos 20°$,就有

$$4a^3 - 3a = \cos 60° = \frac{1}{2}$$

即 $(2a)^3 - 3 \cdot (2a) - 1 = 0$. 但 $x^3 - 3x - 1$ 显然是 $\mathbf{Q}[x]$ 中的 3 次不可约多项式,$2a$ 是 $\mathbf{Q}$ 上的 3 次代数元,所以 $2a$ 不可作,即 a 不可作,因此 $60°$ 角不能用圆规直尺三等分.

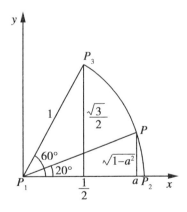

图 16

第4章 这些难题是怎样解决的

关于"三等分角问题"的确切结论是:的确存在不能限用圆规直尺经有限步实现三等分的角.另一方面,又确实存在一大批可以三等分的角.例如,可证只要 n 不是 3 的倍数,则 $\alpha = \dfrac{\pi}{n}$ 必可三等分.事实上,此时 n 和 3 必是互素的,必存在整数 u 和 v 使 $3u + nv = 1$, $\dfrac{1}{3n} = \dfrac{u}{n} + \dfrac{v}{3}$,所以

$$\frac{1}{3}\alpha = \frac{1}{3n}\pi = u\,\frac{\pi}{n} + v\,\frac{\pi}{3} = u\alpha + v60°$$

由圆内接正六边形可作知 $60°$ 角可作,可作角 α 的倍数必可作,所以 $\dfrac{\alpha}{3}$ 可作.

2. 倍立方. 设原立方体的棱长为 1,则求倍立方体的棱长相当于作出 $x^3 - 2 = 0$ 的根 $z = \sqrt[3]{2}$. 现在 $F = \mathbf{Q}(2) = \mathbf{Q}$,而 z 是 $\mathbf{Q}$ 上的 3 次代数元,所以 $\sqrt[3]{2}$ 也不可作.

3. 化圆为方. 设圆的半径为 1,则求正方形的边长相当于作出 $x^2 - \pi = 0$ 的根 $z = \sqrt{\pi}$. 但 π 不是 $\mathbf{Q}$ 上的代数元,所以必不可作.

这三个难题解决了,接下来要考虑哪些正 n 边形可作.读者可能已经看出,应用上述判别准则 A 的充分条件是很不方便的,现在我们把它改造一下.

定理 2.3(判别准则 B) 设 $z_1, z_2, \cdots, z_n$ 是给定的复数.令 $F = \mathbf{Q}(z_1, \cdots, z_n, \bar{z}_1, \cdots, \bar{z}_n)$,则某数 z 可由 $z_1, z_2, \cdots, z_n$ 作出 $\Leftrightarrow z$ 是 F 上的代数元,且 $F(z)/F$ 的正规闭包 K/F 的次数 $[K:F] = 2^t$, t 是某个非负整数.

证 必要性. 设 z 可作, 由判别准则 A 知, 存在 F 的扩域 L 使 $z \in L$ 且 L/F 有平方根塔, 则 L/F 的正规闭包 $\tilde{L}/F$ 也有平方根塔, 可设 $[\tilde{L}:F] = 2^s$. 由 $z \in L$ 得

$$F \subseteq F(z) \subseteq L \subseteq \tilde{L}$$

且 $\tilde{L}$ 是 F 的包含 $F(z)$ 的正规扩域. 但由假设知, K 是 $F(z)/F$ 的正规闭包, 所以 K 是 F 的包含 $F(z)$ 的最小正规扩域, 所以必有

$$F \subseteq K \subseteq \tilde{L}$$

于是 $[K:F] = 2^t, t \leqslant s$.

充分性. 设 $[K:F] = 2^t$. 因为 K/F 是伽罗瓦扩域, 记 $G = \mathrm{Gal}\, K/F$, 必有 $|G| = [K:F] = 2^t$. 对于这种 G 必有极大正规子群 G_2, 且 $|G_2| = 2^{t-1}$ (证明略). 同理, G_2 也有极大正规子群 G_3, $|G_3| = 2^{t-2}$, 如此下去, 可得 G 的合成群列

$$G = G_1 \rhd G_2 \rhd G_3 \rhd \cdots \rhd G_t \rhd G_{t+1} = 1$$

且 $|G_i/G_{i+1}| = 2, i = 1, 2, \cdots, t$. 在伽罗瓦对应之下有

$$F = F_1 \subsetneqq F_2 \subsetneqq F_3 \subsetneqq \cdots \subsetneqq F_t \subsetneqq F_{t+1} = K$$

其中 $[F_{i+1}:F_i] = 2, i = 1, 2, \cdots, t$. 这说明 F_{i+1} 必是 F_i 的二次单代数扩域, $F_{i+1} = F_i(u_i)$, 其中 u_i 满足二次方程

$$u_i^2 + a_i u_i + b_i = 0, \ a_i, b_i \in F_i$$

但它可改写成

$$\left(u_i + \frac{1}{2}a_i\right)^2 = \frac{1}{4}a_i^2 - b_i$$

令 $v_i = u_i + \dfrac{a_i}{2}, b_i' = \dfrac{a_i^2}{4} - b_i$, 有 $v_i^2 = b_i' \in F_i$, 且

$$F_{i+1} = F_i(v_i)$$

第 4 章 这些难题是怎样解决的

这说明 F_{i+1} 是 $F_i(i=1,2,\cdots,t)$ 的平方根号扩域. 因此 K/F 有平方根塔,且 $z \in K$,于是由判别准则 A 知 z 可由 $z_1,z_2,\cdots,z_n$ 作出.

运用这个判别准则可以彻底解决正 n 边形的作图问题.

我们首先指出:若 s 是某个自然数,使得 2^s+1 是素数,则必存在非负整数 t 使 $s=2^t$. 事实上,若 s 有奇数真因子 u 使 $s=uv$,则由

$$2^s+1=(2^v+1)(2^{(u-1)v}-2^{(u-2)v}+2^{(u-3)v}-\cdots+1)$$

知 2^s+1 不是素数. 凡形如 $2^{2^t}+1$ 的素数称为费马 (P. Fermat,1601—1665) 素数. 最小的 5 个费马素数是

$$3,5,17,257,65\,537$$

分别对应 $t=0,1,2,3,4$. 费马出生于法国的一个皮革商家庭,一生中大部分时间里以律师为职业,数学仅是他的业余爱好. 他是很了不起的直观天才,一生中做出了很多猜测,并有不少数学成果. 他发表的论文很少,大多数成果是通过他给别人的信件才流传于世的. 他有时还把自己的研究心得写在书页的空白处. 令人钦佩的是,费马所做的猜测几乎全被证实了,但有两个例外. 一个就是被称之为费马大定理的猜测:对 $n \geq 3$, $x^n+y^n=z^n$ 不存在整数解,它已成为世界上悬赏最高的难题,但至今仍未获解决①. 另一个猜测是:任一形

---

① 这个折磨了无数大数学家长达 358 年的难题,终于在 1995 年被英国中年数学家安德鲁·怀尔斯(A. Wiles,1953—)彻底解决了. 他用创造性的方法和独特的工具,奇迹般地证明了费马的猜想是正确的.

如 $2^{2^t}+1$ 的数必是素数,关于这件事他却猜错了! 1738 年,欧拉证明,当 $t=5$ 时

$$2^{2^5}+1 = 4\ 294\ 967\ 297 = 641 \times 6\ 700\ 417$$

因此它不是素数!有趣的是,到目前为止,人们再也没有找到第六个形如 $2^{2^t}+1$ 的数是素数,相反地,倒已经证明了 46 个这种数不是素数. 因此,又有人猜测:费马素数仅有上述 5 个,当然,这一点目前也没有得到证明.

好了,言归正传,让我们继续讨论正多边形的构作问题. 任意取定某个自然数 n,ω 是 n 次本原根,则前已提到,$\mathbf{Q}(\omega)/\mathbf{Q}$ 是 $\varphi(n)$ 次伽罗瓦扩域. 由判别准则 B 知正 n 边形可作 $\Leftrightarrow \omega$ 可作 $\Leftrightarrow \varphi(n)$ 是 2 的方幂.

设 $n = 2^e p_1^{e_1} p_2^{e_2} \cdots p_s^{e_s}$,$p_i$ 为两两不同的奇素数. 如果 $n = 2^e$,$e \geq 1$,显然,正 2^e 边形必可作. 因此仅需讨论 $e \geq 0$ 且所有 $e_i \geq 1$ 的情形. 对于任一素数的方幂 p^k,必有 p^{k-1} 个不超过 p^k 的自然数与 p^k 不互素,所以根据欧拉函数的定义,知

$$\varphi(p^k) = p^k - p^{k-1} = p^{k-1}(p-1)$$

再利用循环群的性质可以证明:当 r 与 s 互素时,必有 $\varphi(rs) = \varphi(r)\varphi(s)$,所以得到

$$\varphi(n) = \varphi(2^e)\varphi(p_1^{e_1})\varphi(p_2^{e_2})\cdots\varphi(p_s^{e_s})$$
$$= \begin{cases} 2^{e-1} p_1^{e_1-1}(p_1-1) p_2^{e_2-1}(p_2-1) \cdots p_s^{e_s-1}(p_s-1), & \text{若 } e \geq 1 \\ p_1^{e_1-1}(p_1-1) p_2^{e_2-1}(p_2-1) \cdots p_s^{e_s-1}(p_s-1), & \text{若 } e = 0 \end{cases}$$

易见 $\varphi(n)$ 是 2 的方幂 $\Leftrightarrow$ 所有 $e_i = 1$ 且 $p_i = 2^{s_i}+1$ 是素数,于是得到如下定理.

定理 2.4 正 n 边形可作 $\Leftrightarrow n = 2^e p_1 p_2 \cdots p_s$,这里

第4章 这些难题是怎样解决的

$e \geqslant 0, p_1, p_2, \cdots, p_s$ 是两两不同的费马素数.

据此不难得知,在边数不超过十的正多边形中仅有正七边形和正九边形不可作. 因为 3 和 5 都是费马素数,所以边数为

$$3, 5, 15, 2^n, 2^n \cdot 3, 2^n \cdot 5, 2^n \cdot 15$$

的正多边形必可作,n 是任意自然数. 17 是第 3 个费马素数,正十七边形当然可作. 但是,理论上证明可作和实际把它作出,这两者之间并不能画等号,往往需要付出极大的智慧和努力.

作为本书的结束,我们给出边数为 5, 15 和 17 的正多边形的作法.

(1) 正五边形的作法. 在单位圆 O 中作两条互相垂直的直径,其端点分别为 F 和 B(图17). 取半径 OF 的中点 A,联结 AB. 以 A 为圆心,$\frac{1}{2}|OF|$ 为半径作半圆,交 AB 于 C. 以 B 为圆心,$|BC|$ 为半径作圆弧交大圆于 E 和 D 两点,则可证 ED 就是正五边形的边长. 事实上

$$|AB| = \sqrt{|OA|^2 + |OB|^2} = \sqrt{1 + \frac{1}{4}} = \frac{1}{2}\sqrt{5}$$

$$|BC| = |AB| - |AC| = \frac{1}{2}(\sqrt{5} - 1) = |BE|$$

作 OG 垂直于 BE,交 BE 于 G. 因为已知

$$\sin 18° = \frac{1}{4}(\sqrt{5} - 1)$$

所以

$$|BE| = 2\sin 18°, \quad |BG| = \sin 18°$$

这说明 $\angle BOG = 18°$. BE 恰好是正十边形的边长，于是证得 ED 是正五边形的边长.

正五边形可作，正 $2^n \cdot 5$ 边形当然都可作了，$n = 0, 1, 2, \cdots$.

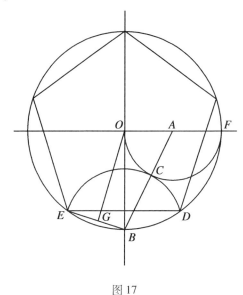

图 17

(2) 正十五边形的作法如图 18. 以 A 为一个公共顶点作正 $\triangle ABC$ 和正五边形 $APQRS$，则

$$\widehat{BQ} = \widehat{APBQ} - \widehat{APB} = \left(\frac{2}{5} - \frac{1}{3}\right)\text{圆周} = \frac{1}{15}\text{圆周}$$

所以 $|BQ|$ 恰好是正十五边形的边长. 于是正 $2^n \cdot 15$ 边形都可作.

第 4 章　这些难题是怎样解决的

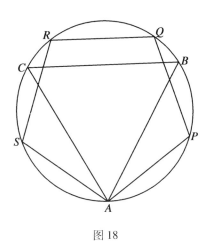

图 18

（3）正十七边形的作法. 这要比上述两个作法困难得多了. 我们先要推导出作法的依据. 令 $\theta = \dfrac{2\pi}{17}$, $z = \cos\theta + \sqrt{-1}\sin\theta$, 则

$$z^k = \cos k\theta + \sqrt{-1}\sin k\theta, \quad 1 \leqslant k \leqslant 17$$

是 17 个 17 次单位根, 由

$$x^{17} - 1 = (x-1)(x^{16} + x^{15} + \cdots + x + 1)$$

和 $z^k (k = 1, 2, \cdots, 16)$ 是 17 次本原根全体可知 z 在 **Q** 上的最小多项式为

$$g(x) = \sum_{i=0}^{16} x^i = \prod_{k=1}^{16}(x - z^k)$$

$g(x)$ 在 **Q** 上的分裂域是 $E = \mathbf{Q}(z)$, $[E:\mathbf{Q}] = 16$, 且

$$G = \mathrm{Gal}\, E/\mathbf{Q} = \langle \sigma \rangle$$

为 16 阶循环群, 这里 $\sigma: z \to z^k$, σ 不变 **Q** 中的数, k 是某个合于 $1 \leqslant k \leqslant 16$ 的整数使得 σ 为 16 阶元. 经验证

165

可取 $k=3$,即 $z^\sigma = z^3$. 事实上,设
$$3^i = 17q_i + e_i, \quad 1 \leq e_i \leq 16, \quad i=1,2,\cdots,16$$
利用 $z^{\sigma^i} = z^{3^i}$ 和 $z^{17}=1$ 可列出下表

i	1	2	3	4	5	6	7	8
e_i	3	9	10	13	5	15	11	16
i	9	10	11	12	13	14	15	16
e_i	14	8	7	4	12	2	6	1

易见 σ 为 16 阶元,故 $G=\langle\sigma\rangle$ 有合成群列
$$G = G_1 = \langle\sigma\rangle \triangleright G_2 = \langle\sigma^2\rangle \triangleright G_3$$
$$= \langle\sigma^4\rangle \triangleright G_4 = \langle\sigma^8\rangle \triangleright G_5 = 1$$
其中 G_i/G_{i+1} 都是 2 阶群. 根据伽罗瓦对应可得平方根塔
$$\mathbf{Q} = F_1 \subsetneq F_2 \subsetneq F_3 \subsetneq F_4 \subsetneq F_5 = E$$
这里 $F_i = \mathrm{Inv}\, G_i$,$[F_{i+1}:F_1]=2$. 现要依次定出 F_{i+1}/F_i 的添加元,$i=1,2,3$.

① 取
$$x_1 = \sum_{i=0}^{7} z^{\sigma^{2i}} = \sum_{i=0}^{7} z^{3^{2i}}$$
$$x_2 = x_1^\sigma = \sum_{i=0}^{7} z^{\sigma^{2i+1}} = \sum_{i=0}^{7} z^{3^{2i+1}}$$
由上表可知 $x_1 \neq x_2$,但却有(利用 $(z^3)^{16} = (z^\sigma)^{16} = z$)
$$x_1^{\sigma^2} = \sum_{i=0}^{7} z^{\sigma^{2(i+1)}} = x_1$$
所以 $x_1 \notin F_1$,但 $x_1 \in F_2 = \mathrm{Inv}\langle\sigma^2\rangle$,且 $[F_2:F_1]=2$,所以
$$F_2 = F_1(x_1)$$

第4章 这些难题是怎样解决的

② 取
$$y_1 = \sum_{i=0}^{3} z^{\sigma^{4i}} = \sum_{i=0}^{3} z^{34i}$$
$$y_2 = y_1^{\sigma^2} = \sum_{i=0}^{3} z^{\sigma^{4i+2}} = \sum_{i=0}^{3} z^{34i+2}$$

也有 $y_1 \neq y_2$. 由
$$y_1^{\sigma^4} = \sum_{i=0}^{3} z^{\sigma^{4(i+1)}} = y_1$$

知 $y_1 \notin F_2, y_1 \in F_3 = \mathrm{Inv}\langle \sigma^4 \rangle$，必有
$$F_3 = F_2(y_1) = F_1(x_1, y_1)$$

③ 取
$$z_1 = z + z^{38}, \quad z_2 = z_1^{\sigma^4} = z^{34} + z^{312}$$

必有 $z_1 \neq z_2$. 由 $z_1^{\sigma^8} = z^{38} + z = z_1$ 知 $z_1 \notin F_3, z_1 \in F_4 = \mathrm{Inv}\langle \sigma^8 \rangle$，必有
$$F_4 = F_3(z_1) = F_1(x_1, y_1, z_1)$$

现在可具体求出这些添加元了. 由 $g(z) = 0$ 知
$$\sum_{k=1}^{16} z^k = -1$$

再由 $z^k = \cos k\theta + \sqrt{-1} \sin k\theta$ 和 $\bar{z} = z^{-1}$ 有
$$z^k + z^{-k} = z^k + \bar{z}^k = 2\cos k\theta, \quad 1 \leq k \leq 17$$

于是利用上表可算出
$$x_1 = (z + z^{38}) + (z^{32} + z^{310}) + (z^{34} + z^{312}) + (z^{36} + z^{314})$$
$$= (z + z^{-1}) + (z^{-8} + z^8) + (z^{-4} + z^4) + (z^{-2} + z^2)$$
$$= 2(\cos\theta + \cos 2\theta + \cos 4\theta + \cos 8\theta)$$
$$x_2 = 2(\cos 3\theta + \cos 5\theta + \cos 6\theta + \cos 7\theta)$$

再利用式（1）知 $x_1 + x_2 = -1$，经过计算得 $x_1 \cdot x_2 = 4(x_1 + x_2) = -4$，于是解得

$$x_1 = \frac{1}{2}(\sqrt{17}-1),\ x_2 = \frac{1}{2}(-\sqrt{17}-1)$$

类似地可算得

$$y_1 = 2(\cos\theta + \cos 4\theta),\ y_2 = 2(\cos 2\theta + \cos 8\theta)$$

再令

$$y_3 = 2(\cos 3\theta + \cos 5\theta),\ y_4 = 2(\cos 6\theta + \cos 7\theta)$$

则可算出

$$y_1 y_2 = y_3 y_4 = x_1 + x_2 = -1$$
$$y_1 + y_2 = x_1,\ y_3 + y_4 = x_2$$

于是可分别解得

$$y_1 = \frac{1}{2}(x_1 + \sqrt{x_1^2 + 4})$$
$$= \frac{1}{4}(\sqrt{17}-1) + \frac{1}{4}\sqrt{34 - 2\sqrt{17}}$$
$$y_2 = \frac{1}{2}(x_1 - \sqrt{x_1^2 + 4})$$

$$y_3 = \frac{1}{2}(x_2 + \sqrt{x_2^2 + 4})$$
$$= \frac{1}{4}(-\sqrt{17}-1) + \frac{1}{4}\sqrt{34 + 2\sqrt{17}}$$
$$y_4 = \frac{1}{2}(x_2 - \sqrt{x_2^2 + 4})$$

易见 $z_1 = 2\cos\theta, z_2 = 2\cos 4\theta$,则由 $z_1 + z_2 = y_1, z_1 z_2 = y_3$ 解得

$$z_1 = \frac{1}{2}(y_1 + \sqrt{y_1^2 - 4y_3})$$
$$z_2 = \frac{1}{2}(y_1 - \sqrt{y_1^2 - 4y_3})$$

第4章 这些难题是怎样解决的

最后可得

$$\cos\theta = \frac{1}{2}z_1, \sin\theta = \sqrt{1-\cos^2\theta}$$

于是

$$z = \cos\theta + \sqrt{-1}\sin\theta$$

可作，即正十七边形可作．于是正 $2^n \cdot 17$ 边形也可作了．

现在给出具体的作图步骤．作平面直角坐标系 xOy（图19）．在 Ox 轴上以 $OA = 4$ 为半径作圆 O，交 Oy 轴于 C．取 $OE = \frac{OA}{4} = 1$，联结 CE．作

$$EF = EF' = EC = \sqrt{OC^2 + OE^2} = \sqrt{17}$$

在 Ox 轴上取

$$FG = FC = \sqrt{OC^2 + OF^2} = \sqrt{16 + (1+\sqrt{17})^2}$$
$$= \sqrt{34 + 2\sqrt{17}}$$

$$F'G' = F'C = \sqrt{OC^2 + OF'^2} = \sqrt{16 + (\sqrt{17}-1)^2}$$
$$= \sqrt{34 - 2\sqrt{17}}$$

以 AG 为直径作圆 O'，与 Oy 轴交于 H，联结 HG 和 HA，作

$$IH = IJ = \frac{1}{2}OG' = \frac{1}{2}(OF' + F'G')$$
$$= \frac{1}{2}(\sqrt{34 - 2\sqrt{17}} + \sqrt{17} - 1) = 2y_1$$

作 OJ 的中垂线分别交圆 O 于 K 和 L 两点，则可证

$$\angle AOK = \frac{2\pi}{17}$$

于是 AK 就是所求的正十七边形的边长. 事实上

$$OG = FG - FO = \sqrt{34 + 2\sqrt{17}} - \sqrt{17} - 1 = 4y_3$$
$$OH^2 = OG \cdot OA = 4y_3 \cdot 4 = 16y_3$$
$$OI = \sqrt{IH^2 - OH^2} = \sqrt{4y_1^2 - 16y_3} = 2\sqrt{y_1^2 - 4y_3}$$
$$OJ = OI + IJ = 2y_1 + 2\sqrt{y_1^2 - 4y_3} = 4z_1$$
$$OM = \frac{1}{2}OJ = 2z_1$$

所以

$$\cos\angle AOK = \frac{OM}{OK} = \frac{2}{4}z_1 = \frac{1}{2}z_1, \angle AOK = \frac{2\pi}{17}$$

于是正十七边形终于作出来了!

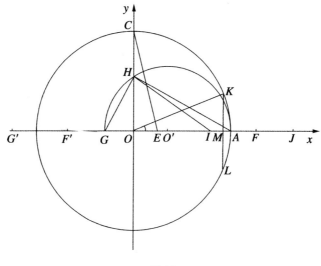

图 19

继高斯之后,数学家黎西罗给出了正 257 边形的完善作法,作图过程印出来长达 80 页. 接着盖尔梅斯

第 4 章　这些难题是怎样解决的

又给出了正 65 537 边形的作法,其手稿就装满了一个手提箱,现保存在德国哥廷根大学. 这也许是圆规直尺作图史上的一个最高纪录吧! 事情已经发展到这一地步,恐怕再也无人愿意去打破这个记录了.

编辑手记

在微友吴帆先生推荐的一篇文章"我们需要怎样的数学教育?"(2017.07.17,数学中国,作者:matrix 67)中作者写了这样一段话:

我不是一个数学家,我甚至连数学专业的人都不是.我是一个纯粹打酱油的数学爱好者,只是比一般的爱好者更加执着,更加疯狂罢了.初中、高中一路保送,大学不在数学专业,这让我可以不以考试为目的地学习自己感兴趣的数学知识,让我对数学有如此浓厚的兴趣.从 2005 年建立这个 Blog 以来,每看到一个惊人的结论或者美妙的证明,我再忙都会花时间把它记录下来,生怕自

已忘掉.不过,我深知,这些令人拍案叫绝的雕虫小技其实根本谈不上数学之美,数学真正博大精深的思想我恐怕还不曾有半点体会.

我多次跟人说起,我的人生理想就是,希望有一天能学完数学中的各个分支,然后站在一个制高点,俯瞰整个数学领域,真正体会到数学之美.但是,想要实现这一点是很困难的.最大的困难就是缺少一个学习数学的途径.看课本?

这就是我今天想说的——课本极其不靠谱.

这个我深有体会.最近两年,我一直在做初中数学培训,有了一些自己的看法.数学教育大致分成三个阶段:看山是山,看水是水;看山不是山,看水不是水;看山还是山,看水还是水.

最早数学教育就是教你几个定理,告诉你它们是怎么证的,再让你证明一些新的定理.后来的要求就变了:光学数学不够,还要用数学.数学教育已经上升了一个层次:大家要把数学用到生活中去,解释生活中的现象.一时间,课本也好,中考题也好,全是与生活实际紧密联系的数学应用题,仿佛放眼望去身边真的处处都是数学一样.商场卖货,书店卖书,农民耕地,工人铺砖,再一次涌现在了课本、教辅书和考试题里.其实,数学可以解释生活,只是我们并不会这样去做.生活的变量太多,再强大的数学模型也不可能考虑到一切.对于平常人来说,真正能用到数学的地方,也就只有算算账了.

Artin 定理——古典数学难题与伽罗瓦理论

总有一天,数学教育会拔高到第三层:返璞归真.数学真正厉害之处还是它本身.你会发现,那些伟大的数学思想,那些全新的数学理论,最初研究的动机并不是要急于解释我们身边的某某现象,而是它本身的美妙.线性代数的出现,很大程度上要归功于神奇的克莱姆悖论;群论的诞生,也是伽罗瓦研究多项式的解的结构时的产物;欧拉创立图论,源于那个没有任何实用价值的哥尼斯堡城(Königsberg)的七桥问题;非欧几何的出现,则完全是由于这个问题本身的魅力.微积分呢?它确实有非常广泛的实用价值,物理学的各种定义都依赖于微积分;但很可惜,它不是一种具有颠覆性的数学思想.

某次看到论坛里有人问,群论有什么意思啊?某人回复,群论很有意思啊,只是课本把它写得没意思了.比方说,讲群论怎么能不讲魔方呢?我不赞同这个回复.数学吸引人的地方,不在于它在生活中的应用,而在于它本身的美.为什么不讲拉格朗日定理?为什么不讲西罗(Sylow)定理?对于我来说,最能吸引我学习一个数学课题的,莫过于一系列非平凡的结论以及它的精彩证明了.

将一个高深的理论讲通俗了不是件容易事,美国法学教授哈罗德·J.伯尔曼曾经有过一个成功先例,他说过:

一个孩子说,"这是我的玩具",这是财产法;一个

编辑手记

孩子说,"你答应过我的",这是合同法;一个孩子说,"他先打我的",这是刑法;一个孩子说,"爸爸说可以",这是宪法.

数学要更困难一些,所以有些读者在读了我们出版的两本关于伽罗瓦理论的书(一本是阿廷的名著,一本是谢彦麟先生的通俗读本)后建议笔者再版本书.

这本书是国内讲伽罗瓦理论的书中不可多得的简明读本,通俗、简明又不失严谨,而且是成书于 20 世纪 80 年代. 作家周晓枫在中篇小说《离歌》中写道:20 世纪 80 年代,仿佛是理想主义最后的天堂,最后的庇护所,最后的诗意时光. 那时肆意谈论金钱和权势都是可耻的,我们在轻微的贫苦中,更容易感受精神的丰足. 在充满理想主义的时代,每个舞台上的表演者,都被理想的聚光灯照射为散发理想主义光芒的理想者.

那个时代的人与书都是真诚的,所以文风朴实无华. 特别是讲到了伽罗瓦理论与三等分角的联系.

它们二者的关系在数学竞赛试题中就有反映. 如第 29 届美国大学生数学竞赛中有一题:

题目 假定 $60°$ 的角不能单用直尺和圆规三等分,证明:如果 n 是 3 的正倍数,则 $\dfrac{360°}{n}$ 的角中没有一个能单用直尺和圆规三等分.

证 我们需要应用关于域和作图可能性的下列事实:

(1) 若 Q 是有理数域，则 Q 的通过 $\cos\dfrac{360°}{k}$ 的扩展度是 $\varphi(k)$，此处 k 是正整数，而 $\varphi(k)$ 是欧拉函数.

(2) 若 K,L,M 是具有 $K \subsetneq L \subsetneq M$ 的域，而且 $[L:K] < \infty$，$[M:L] < \infty$，则 $[M:K] = [M:L] \cdot [L:K]$.

(3) 给定 $\cos\dfrac{360°}{k}$，则 $\cos\dfrac{360°}{3k}$ 是可作图的当且仅当

$$\left[Q\left(\cos\dfrac{360°}{3k}\right) : Q\left(\cos\dfrac{360°}{k}\right) \right]$$

是 2 的乘幂. 因此

$$\left[Q\left(\cos\dfrac{360°}{3k}\right) : Q\left(\cos\dfrac{360°}{k}\right) \right] \cdot \varphi(k) = \varphi(3k)$$

现在

$$\varphi(3^\alpha) = 3^{\alpha-1} \cdot 2 = \begin{cases} 3\varphi(3^{\alpha-1}), & \text{当 } \alpha > 1 \text{ 时} \\ 2, & \text{当 } \alpha = 1 \text{ 时} \end{cases}$$

且由欧拉函数的乘法性质知

$$\varphi(3k) = \begin{cases} 3\varphi(k), & \text{当 } 3 \mid k \text{ 时} \\ 2\varphi(k), & \text{当 } 3 \nmid k \text{ 时} \end{cases}$$

因此 $\dfrac{360°}{k}$ 大小的角能三等分当且仅当 $3 \nmid k$.

一个普遍的错误方法如下："如果 $\dfrac{360°}{3k}$ 能三等分，那么我们能够构造 $\dfrac{40°}{k}$ 的角，重复此角 k 次得到 $40°$，再从 $60°$ 中减去它得到 $20°$. 但是 $60°$ 的角是不能三等分的，因此 $20°$ 不能作出."这一议论的错误在于人们给

出了试图三等分的角 $\dfrac{360°}{3k}$,而且借助于此可加的图形, $60°$ 或许可以三等分(例如 $k=6$ 的情形).

初等一些的习题可以参见波拉索洛夫的著作《代数、数论及分析习题集》.

他指出:

为了证明不存在可以将一个任意角划分为三个相等部分的一般的构造性方法,只要证明下面的结论就足够了:借助于圆规和直尺不能将 $30°$ 角划分为三个相等的部分.

引入坐标系 xOy,选择已知角 $\angle AOB$ 的顶点作为坐标原点,而且 Ox 轴沿着边 OA 的指向.可以认为点 A 或点 B 与点 O 的距离都是 1.这时,三等分角的问题要求依据坐标为 $(\cos 3\varphi, \sin 3\varphi)$ 的点作出坐标为 $(\cos \varphi, \sin \varphi)$ 的点.在 $\varphi = 10°$ 的情形,原来的点的坐标是 $\left(\dfrac{\sqrt{3}}{2}, \dfrac{1}{2}\right)$.两个坐标都表示为平方根.因此,只要证明不能用平方根表示数 $\sin 10°$ 就足够了.

因为

$$\begin{aligned}\sin 3\varphi &= \sin(\varphi + 2\varphi) = \sin\varphi\cos 2\varphi + \cos\varphi\sin 2\varphi \\ &= \sin\varphi(1 - 2\sin^2\varphi) + 2(1 - \sin^2\varphi)\sin\varphi \\ &= 3\sin\varphi - 4\sin^3\varphi\end{aligned}$$

所以,数 $x = \sin 10°$ 满足三次方程 $3x - 4x^3 = \dfrac{1}{2}$,即

$$8x^3 - 6x + 1 = 0 \qquad (*)$$

Artin 定理——古典数学难题与伽罗瓦理论

因此只要证明这个方程没有有理根就足够了. 设 $2x = \dfrac{p}{q}$,其中 p 与 q 都是整数,而且没有公因数. 这时,$p^3 - 3pq^2 + q^3 = 0$,即 $q^3 = p(3q^2 - p^2)$. 于是数 q 能被 p 整除,这表示 $p = \pm 1$. 因此, $\pm 1 \mp 3q^2 + q^3 = 0$,即 $q^2(q \pm 3) = \pm 1$. 数 1 能被 q 整除,所以 $q = \pm 1$,结果得到 $x = \pm \dfrac{1}{2}$. 容易验证,数 $\pm \dfrac{1}{2}$ 都不是方程(∗)的根,得到矛盾. 因此,方程(∗)没有有理根,这表示不能用平方根表示数 $\sin 10°$.

说到伽罗瓦理论与三等分角的关系,笔者还为此惹出了一桩不大不小的"官司". 事情的起因是这样的. 我国知名数学家李尚志博士为一本中学教材写了一首数学诗:

> 一角三分本等闲,尺规限制设难关.
> 几何顽石横千载,代数神威越九天.
> 步步登攀皆是二,层层寻觅杳无三.
> 黄泉碧落求真谛,加减乘除谈笑间.

李教授是中国"文革"后首批 18 位理学博士之一. 他说:我是在中学时代读了华罗庚的一篇科普文章才知道三等分角尺规作图不可能,但华罗庚讲的理由我没看懂. 后来我考研究生,学了抽象代数,才看懂了,并且知道这个问题也不是华罗庚解决的,而是伽罗瓦的理论彻底解决的,不但解决了三等分角,还有立方倍

编辑手记

积、化圆为方、正多边形作图、五次及更高次方程的求根公式问题,全都解决了.成为抽象代数课程的基本常识,每个学代数的学生都要学,讲代数课的老师都要讲,就好比中学物理老师都要讲能量守恒定律,讲永动机不可能造出来.

有一位民科对这首诗有异见,笔者本着"我坚决反对你的观点,但我誓死捍卫你说话的权利"的宗旨,在笔者主编的一本文集中发表了出来.结果引起了一场不小的风波.借此向各方人士表示歉意,希望精英阶层宽容一些,让各阶层人士都有发言的机会,也希望广大民科,尊重业内权威,遵守科学共同体研究规范,以可通约、可交流的共同范式做有益探讨,将数学视为了解世界的工具和语言而非获取个人功名的阶梯,也希望知识阶层在更多问题上有共识而不是撕裂,营造健康和谐的对话环境.

在笔者对本书进行复审时收到了中国科学院高能物理研究所黄超光研究员的电邮:

2012年8月28日是中国科协前主席、著名物理学家、力学家周培源先生诞辰110周年纪念日.为纪念周培源先生,我重读了周老的论著,特别是他于1924年发表于《清华学报》第一卷第二期270~286页上的三等分角法二则.同时在网上看到您所著《世纪著名平面几何经典著作钩沉——几何作图专题卷(下)》一书.书中提到饶、顾、李、彭等人对三等分角的贡献,似

Artin 定理——古典数学难题与伽罗瓦理论

唯漏前上海交通大学校长陈杜衡先生(《角度三分器图说》,有单行本)和周培源先生在这方面的贡献.故特写此信,如该书再版,望能增补.

这说明三等分角问题曾经在中国科学界及民间一直是一个有趣的问题,就连周培源和陈杜衡这样的重量级科学家都一试身手.但现在一切都变了,正如法国的《世界报》(Le Monde)1980 年 4 月 9 日一期中所写:"布尔巴基已 40 岁,这位著名的数学家是永生的,但却老了."而 1998 年 4 月 28 日这期却宣称:"布尔巴基死了,证明完毕".布尔巴基数学都一样.

在 2012 香港书展时,有人评论说:

……不读书的人不知道读书的乐趣,无论时代多么进步,互联网多么繁荣,不读书的一代,终将是浅薄的一代,人们最终会回到阅读世界,重新做人,而不是做电子刊物.

所以在这个人们什么都习惯于上网搜索的时代,有读者要求我们出版这本老书,我们便看到了希望.为了这些读者我们要生存下去,还要做强,而不是做数学教辅那样单纯地做大.对此笔者非常赞同三联书店掌门人樊希安的理念,他说:

我有个比方,三联书店不能成为萝卜,而是要努力使自己成为人参,人参体量虽小,但价值要远远高过萝

编辑手记

卜,而且它的根须伸向四面八方,好的人参,有的老山参,根须延展到一两米开外. "做强",就好比人参的肢体,小而有它的核心价值, "做开",就类似人参的根须,向外尽量扩张开去.

在读者的关心之下,我们一定会成为一棵滋补数学之读书人的好人参!

刘培杰
2017 年 7 月 16 日
于哈工大